高等教育“十三五”规划教材

电化学实验

唐安平　主　编

中国矿业大学出版社
·徐州·

内容提要

本书实验内容包括：电化学实验常用仪器的介绍、电沉积、电化学测量、化学电源、有机电化学合成、电化学电容器、腐蚀电化学和修饰电极等常见电化学问题。本书可作为应用化学（电化学）专业本科生和研究生的实验教材及参考书，也可供从事电化学研究人员以及从事化学电源、电镀、电化学防腐、电解、电合成等工程技术人员参考。

图书在版编目(CIP)数据

电化学实验/唐安平主编．—徐州：中国矿业大学出版社，2018.8(2024.6 重印)

ISBN 978-7-5646-3985-3

Ⅰ．①电…　Ⅱ．①唐…　Ⅲ．①电化学—化学实验—高等学校—教材　Ⅳ．①O6—334

中国版本图书馆 CIP 数据核字(2018)第 115824 号

书　　名　电化学实验
主　　编　唐安平
责任编辑　周　红
出版发行　中国矿业大学出版社有限责任公司
　　　　　　（江苏省徐州市解放南路　邮编 221008）
营销热线　(0516)83884103　83885105
出版服务　(0516)83995789　83884920
网　　址　http://www.cumtp.com　**E-mail**:cumtpvip@cumtp.com
印　　刷　江苏凤凰数码印务有限公司
开　　本　787 mm×960 mm　1/16　**印张** 13　**字数** 240 千字
版次印次　2018 年 8 月第 1 版　2024 年 6 月第 3 次印刷
定　　价　28.00元

前 言

电化学实验是我校应用化学专业本科生的必修课程，是应用化学专业的特色课程。本教材电化学实验涉及面广，反映了近代电化学实验进展。实验内容包括：电化学实验常用仪器的介绍、电沉积、电化学测量、化学电源、有机电化学合成、电化学电容器、腐蚀电化学和修饰电极等常见电化学问题。本书可作为应用化学（电化学）专业本科生和研究生的实验教材及参考书，也可供从事电化学研究人员以及从事化学电源、电镀、电化学防腐、电解、电合成等工程技术人员参考。

本实验教材是高等教育“十三五”规划教材，由湖南省普通高等学校“十三五”专业综合改革试点项目资助出版。在编写过程中，参阅了一些兄弟院校、科研院所的电化学实验研究成果及已出版的相关实验教材，从中得到了许多启发和益教。对教材中所列有关资料的作者，一并在此表示感谢。同时感谢湖南科技大学周智华教授、徐国荣博士和宋海申博士对本书提出的宝贵意见。

虽然编者对本书的出版做了大量的工作，但限于编者的学识水平，错漏与不当之处难以避免，恳请读者批评指正。

编 者

2018 年 3 月

目　录

第一章 绪 论

第一节 电化学实验的目的和要求

一、电化学实验的目的

随着电化学和电子技术的发展，电化学实验技术也得到了快速发展，并在电解、电镀、腐蚀与防护、化学电源以及电化学分析等领域得到了广泛的应用。电化学实验教学是为了通过实验使学生进一步巩固和运用学到的电化学理论知识，掌握电化学实验的基本知识和基本技能，提高应用理论知识解决实际问题和进一步创新的能力；通过实验课程，培养学生查阅文献，测定、观察、处理数据，表达实验结果的能力；培养学生互相协作的团队精神和实事求是的科学态度。

二、电化学实验的基本要求

为了做好实验，要求学生具体做好以下几点：

1. 预习

认真阅读实验教材及有关资料，明确实验目的，掌握实验的基本原理、实验步骤以及所使用仪器的原理和操作方法，在实验记录本上写出预习报告。预习报告的主要内容包括：实验基本原理、操作要点、注意事项、文献数据及数据记录格式。预习报告在实验前交给指导教师检查、签字。

2. 实验操作

进入实验室后学生必须遵守实验室各项规章制度，经教师检查提问，认为达到预习要求后才能进行实验操作。实验中仔细观察，客观记录数据，不能用铅笔或红笔记录，不能记在纸片上。原始数据不能涂覆，按规定修改记错的数据。实验结束时，经教师检查后拆卸实验装置，将原始数据登记在实验报告记录本上，记录实验过程中的室温、气压、天气等数据及实验日期、时间、实验合作者、指导教师等资料，并整理、清洁仪器及实验台，然后离开实验室。

3. 撰写实验报告

实验报告的内容包括实验目的、实验原理、仪器装置及试剂、操作步骤（操作要点）、数据处理和讨论。

(1) 目的、原理及操作要点

用自己的语言简要叙述实验目的与实验原理，操作要点中要注意实验条件。

(2) 数据处理

列出原始数据、文献数据、计算公式，仔细进行运算、作图、列表等，得出实验结果，提倡使用微机进行数据处理和表达实验结果，注意有效数字及量和单位的国家标准。

(3) 讨论

对实验现象、结果进行分析和讨论，包括误差来源分析、对实验方法进行评价等方面。

第二节　实验室安全知识

实验室的安全非常重要，进入化学实验室必须严格遵守实验室的各项规章制度。有关实验室安全知识在先行的无机化学实验、分析化学实验、有机化学实验、物理化学实验、化工原理实验等课程中已作介绍。在电化学实验室中要特别注意以下几个方面。

一、实验室安全用电

电化学实验的特点之一是实验过程中使用的仪器设备比较多以及使用交流电源比较频繁。人体若通过 50 Hz、25 mA 以上的交流电时会发生呼吸困难，50 mA 以上则会致死，因此，安全用电非常重要。这里介绍交流电源的基本常识。

1. 电源

实验室中经常使用 220 V、50 Hz 的单相交流电，有时也用到三相电(380 V)。每间实验室一般设有总电源控制开关，装有过载断电保护装置。实验台上配置有接线板，设有开关和过载断电保护装置。将仪器电源插头插入电源插座时，仪器上的电源开关应置于“关”或“OFF”的位置。插头与插座要匹配、接触可靠、不漏电，三脚单相插头不能用两脚单相插头代替，以保障仪器设备可靠接地正常使用。严禁将电源线直接插入插座孔。不要用普通试电笔测试高压线路。对有特殊要求的仪器设备应使用稳压电源。

2. 保险丝

从外电路引入电能到仪器时，必须先经过能耐一定电流的适当型号的保险丝。仪器设备上一般都安装有保险丝，当发生意外情况时，保险丝熔断后应更换相同规格的保险丝。

在实验室用电过程中必须严格遵守以下操作规程：负荷大的电器应接较粗的电线；必须先接好线路再插上电源；实验结束时，必须先切断电源再拆线路；不能用潮湿的手接触电器；如遇人触电，应切断电源后再行处理；如遇电线着火，切勿用水或导电的泡沫灭火器灭火，应立即切断电源，用沙或二氧化碳灭火器灭火。

二、高压和真空容器

电化学实验室有时需要使用高压气瓶。在使用高压气瓶时，要根据气瓶的颜色及标签确认所用的气体及压力。气瓶应被妥善放置在气瓶柜中。使用高压气瓶中的气体时要使用与之匹配的减压阀，各种减压阀不得混用。注意气瓶开关和减压阀上开关的开关顺序。移动气瓶时应拆除减压阀，装上瓶帽。使用氧气瓶时，严禁气瓶接触油脂，实验者的手、衣服、工具上也不得沾有油脂，因为高压氧气遇油脂会燃烧。

在高压和真空系统中，应避免使用玻璃制的容器、阀门等，如必须使用时，在严格遵守耐压限度的情况下，还应加上防护罩，避免玻璃容器破裂时玻璃飞出。

三、化学试剂

绝大部分化学实验室离不开化学试剂。在取用化学试剂之前，应了解熟悉所用化学试剂的性质，特别是具有腐蚀性、毒性、爆炸性的化学试剂。领用某些特殊试剂时要按规定进行登记。在使用化学试剂时，不得随意加大试剂用量，必须在规定的位置（如通风橱、密封操作箱）进行相关实验操作。不得往普通下水道倾倒化学废液。化学实验室在许多场合要使用汞（水银），例如使用水银温度计。汞有毒，汞蒸气被人体吸入后不易排出，慢慢积累会造成人体中毒，对人体造成不可逆转的伤害。在实验室条件许可时，尽量使用无汞的仪器，避免使用汞。在必须使用汞时，要特别小心。万一水银温度计破裂，要立即收集撒出的汞，细小的汞粒可以使用吸汞器（或洗耳球、注射器）收集，然后在汞撒落的地方撒上硫黄粉。

四、个人防护

实验者在进入化学实验室时，应了解实验室及建筑的布局，熟悉电源总开关、灭火器的位置；熟悉紧急洗眼器、紧急淋浴器的位置及使用方法；熟悉逃生门、逃生楼梯的位置。在进行实验操作时应穿工作服，有特殊要求的应穿特制工作服，戴防护面罩。在进行化学实验操作时应佩戴防护眼镜。

第三节　电化学实验常用仪器简介

一、电解池装置

电解池装置的设计是电化学实验的基本装置。电解池装置包括研究电极、电解质溶液、辅助电极、参比电极以及电解池容器。

在电化学测量中，所用电解池的形状多种多样。根据实验的要求，可选用不同形状的电解池。图 1-1 是一类常用的电解池，称为 H 型电解池。研究电极、辅助电极和参比电极各自处于一个电极管中，所以也称为三池电解池。研究电极和辅助电极间用多孔烧结玻璃板隔开，参比电极通过Luggin毛细管同研究体系相连，毛细管管口靠近研究电极表面。三个电极管的位置可做成以研究电极管为中心的直角，这样有利于电流的均匀分布和进行电势测量，并且也可以把电解池稳妥地放置。如果研究电极采用平板状电极，则其背面必须绝缘，这样才能保证表面电流的均匀分布。研究电极和辅助电极的塞子可用磨口玻璃塞[图 1-1(a)]或橡胶塞、PTFE 塞[图 1-1(b)]。

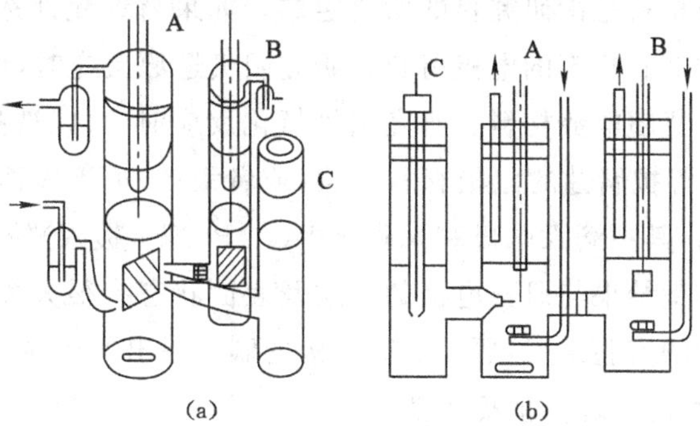

图 1-1 H 型电解池

A——研究电极；B——辅助电极；C——参比电极

图 1-2 是一种适用于腐蚀研究的电解池。它呈圆瓶状，有两个对称的

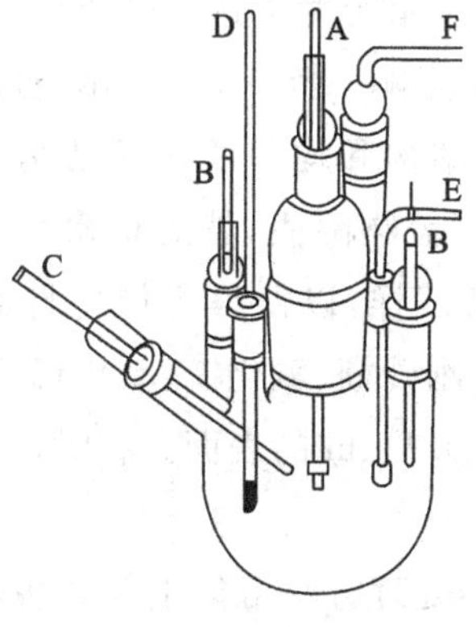

图 1-2 一种用于金属腐蚀研究的电解池

A——研究电极；B——辅助电扳；C——盐桥；D——温度计；E——进气管；F——出气管

辅助电极，以利于电流的均匀分布。电解池配有带 Luggin 毛细管的盐桥，通过它与外部的参比电极连通。

双电极电解池装置是将参比电极和辅助电极共用一个电极，这在电化学实验中很少用，一般都用上述三电极电解池装置。

二、研究电极

研究电极材料是由研究目的所决定的。如果材料允许选择，则应使用研究电位范围宽和稳定的电极材料。研究阴极还原反应时，可以选择 Hg、Pb、Sn 等高析氢超电势材料。研究阳极氧化反应时，可以选择 Pt、Au、Pb-Ca 合金、钛钌等抗腐蚀的电极材料。汞(或者汞齐)电极表面光亮，材料易于净化和更新，其中滴汞电极和汞膜电极(在 Pt 球上镀汞)较为常见。

电化学测量结果与研究电极的性质及表面状态有很大关系，为了得到有意义的重现的实验结果，要对研究电极的制备提出严格的要求。

1. 研究电极的制备和预处理

金属的电化学性质随着热处理、制造工艺、表面状态不同而有很大的差异。金属的成型工艺和除去表面氧化膜等机械方法会引起冷作硬化，微观上会引起不均匀结晶构造和不同的晶粒取向。原子规模上，在晶格中会出现不均匀性和位错。比如，在退火的金属材料中，位错密度可达 10^8 个/cm^2，而在冷作的金属中，位错密度可达 10^{12} 个/cm^2。而位错密度不同就对金属的电化学腐蚀行为有影响。因此，金属在经过成型和切削后应经过退火，以便提供标准的原子结构和均匀的化学结构。在退火之前，必须用研磨的方法把划痕、标记、覆盖物除去，然后依次用 220 目、320 目、400 目和 600 目的碳化硅砂纸打磨试样，以便得到均匀打磨的表面，光洁度大约为 17 μm。必要时还要用金刚砂糊、氧化镁、氧化铝或氧化硅类的抛光材料进行抛光，可得到光洁度达 0.1 μm 的表面。有时，可用化学或电化学抛光得到高光洁度的表面。

值得注意的是某些预处理方法可能引起意想不到的效应，如用氧化硅或氧化铝抛光铁合金表面能形成尖晶石型的表面化合物，而电解抛光，特别是在铬酸溶液中，可形成成分和性质不确定的表面膜。这两种效应都会改变金属的电化学行为。另外，打磨引起的表面划痕的深度和间隔随磨光或抛光处理不同，这将影响金属的真实表面积。同样表观面积的电极，随表面打磨不同，极化曲线不同。

电极试样，特别是易钝化的金属，除了在预处理过程中可能产生氧化膜外，打磨好的试样在空气中停放也会形成氧化膜，影响电化学测量。这种膜可以在电化学测量之前用阴极还原法除去，即将电极阴极极化到刚好有氢气析出，持续几分钟或更长的时间即可除去氧化膜。对于黑色金属，由于阴极析出的氢可进入金属中，引起金属性能的变化，所以不宜过分析出氢气。

电极进行阳极极化或阳极-阴极极化预处理，对其后金属的电化学行为的影响尚不完全清楚。但在不同条件下，会引起金属表面状态的变化、电极电位的移动，溶液中的电极活性离子可在预极化过程中在电极上放电。在阳极预极化期间，金属离子或非金属离子都可从金属上溶解下来，在阴极极化期间，溶解中的电极活性离子可在电极上沉积。这些都可能影响以后的电化学测量。

对电极表面的“清洁”及其对电化学行为的影响，特别是对铂电极的催化活性的影响也进行了大量深入的研究。铂电极的活性与电极预处理有很大关系。这种预处理通常包括首先阳极极化，然后阴极极化。铂表面层开始被氧化，然后被还原，这使铂产生了高度的催化活性。这时电极表面显然变粗糙了，同时也改变了电极的表面积。这种技术可使电极产生重现的清洁表面，它将具有高度的催化活性。如果在不纯的溶液中进行电解预处理，铂电极的催化活性就低。这是由于电极被污染之故。已发现在酸性溶液中进行阴极极化，可提高铂电极的活性，但这种效应是由于表面吸附了氢，改变了它的电化学行为的缘故。

溶液的纯度应尽可能提高，以免污染和毒化电极表面。但即使是纯水，也含有各种无机和有机杂质，其可能吸附在电极表面上并影响其电化学行为。有些实验要求高纯度溶液，除了在配制时用高纯度试剂和重蒸馏水外，还经常用预电解法净化溶液。为了把溶解在溶液中的氧除掉，常在溶液中通入纯净的情性气体(如高纯氮气)。例如，测定易钝化金属的阳极极化时，往往通入高纯氮气将溶液中的氧除去。

2. 研究电极的制备

研究电极的形状可以各种各样。制备电极时应使电极具有确定的易于计算的表面积。非工作表面必须做好绝缘。

对于铂丝电极，可将 ϕ0.5 mm 左右的铂丝在酒精喷灯上烧红，用钳子夹住，或在铁钻上用小锤轻敲，使二者焊牢。然后将铂丝的另一端在喷灯上封入玻璃管中。为了导电，在玻璃管中放入少许汞，再插入铜导线。玻璃管口用石蜡封死，以免不小心将汞倾出。铂电极可先放在热稀酒精溶液中，浸几分钟除油，然后在热浓硝酸中浸洗，最后用蒸馏水充分冲洗即可得到清洁的铂电极。

有时可用环氧树脂加固化剂将金属圆棒（ϕ0.5 mm）封入玻璃管中，或者将金属棒用力紧塞于预热的聚四氟乙烯塑料中，冷却后，塑料管收缩可将金属棒封住。将一端磨平或抛光作为工作面。这种电极工作面向下，电力线分布不均匀。

可将金属片状电极的工作面加工成型，再在背面焊上钢丝做导线，非工作表面用环氧树脂绝缘，导线可用环氧树脂封入玻璃管中。那种不加绝缘只把金属样用铂丝悬挂在溶液中的办法是不行的。因为这样不能保证电流在整个电极上均匀分布。而且铂的导电性好，会把电流集中在铂丝上，电极的性质和面积都不好确定，甚至有引起双金属腐蚀的可能性。因此，非工作面包括引出导线都要绝缘好。用清漆等涂料保护时，其中的可溶性组分可能引起电解质的污染，并可能吸附在电极表面上，覆盖电极表面。当保护膜高出金属表面时，特别是气体析出的过程中常发生边缘效应，有时电解液会渗到保护层下面，使“铂保护的”表面上也发生反应，这时电极面积就不准确了。

比较满意的办法是首先加工好一定尺寸的试样，在背面焊上引出线，然后把整个试样和导线铸在环氧树脂、热固性或热塑性树脂中。但封装好之后，由于树脂的收缩或在磨去封装材料露出试样表面后会引起金属与绝缘层之间存在微缝隙。这种间隙在氧化极化期间容易发生缝隙腐蚀而变宽，从而带来实验误差。另一个方便的方法是将电极试样在背面焊好带塑料皮的导线后，紧压入聚四氟乙烯绝缘套中，使之紧密配合，在试样四周及背面穿导线小孔处都不出现缝隙。这要求试样有均匀规整的尺寸，一般适用于圆形试样。

三、辅助电极

辅助电极唯一的功能就是作为电流回路，向研究电极提供极化电流。极化电流值可利用电流表或者电流取样电阻串接在辅助电极和研究电极之间的外电路上进行测量。极化电流通过研究电极，同时通过辅助电极。在研究电极上通过阴极还原电流时辅助电极上则进行的是阳极氧化的电极反应。反之，在研究电极上通过阳极氧化电流时辅助电极上将发生阴极还原的电极反应。为了避免辅助电极上发生的电极反应对研究电极附近电解质溶液的污染，一般有两项措施：① 选用惰性电极材料做辅助电极；② 将研究电极和辅助电极隔开。实验室广泛使用 Pt 做辅助电极，它在酸性溶液或者碱性溶液中均可适用。在酸性溶液中，特别如 H_2SO_4溶液中也可使用 PbO_2电极做辅助电极。在碱性溶液中可使用 Ni 电极做辅助电极。尽管使用上述电极材料做辅助电极，析氢或者析氧电极反应仍难以避免。这些气体析出对研究体系的对流状态和溶液 pH 值将产生影响，同时它们也可能在研究电极上进行电极反应。因此，在电解池容器中可设计两个室分别放置研究电极和辅助电板，中间用烧结玻璃、隔膜、凝胶盐桥或者活塞把它们隔开，同时要注意离子导电通道的连通。通过辅助电极和研究电极的极化电流强度是相等的，但电流密度不一定是相等的，一般辅助电极面积都做得比较大，既保证了研究电极电力线分布的均匀，同时又可以降低电解池的槽压。

正确选择辅助电极的大小与形状、正确放置辅助电极与研究电极之间的位置是避免电位分布不均匀的主要措施。辅助电极相对于研究电极的位置直接影响研究电极表面的电流分布的均匀性。当辅助电极位置不当时，由于电极表面电流分布的极不均匀会造成电位分布的不均匀，进而造成测量电位的误差。对于平板状研究电极，辅助电极应放在对称的位置，如果研究电极两面都进行电化学反应，那么就在其两侧各放置一只辅助电极，以保证电流均匀分布。此外，还可以通过增大辅助电极和研究电极表面之间的距离来改善电流分布的均匀性。如果辅助电极与研究电极间用磨口活塞式烧结玻璃隔开，则可取得较均匀的电流分布。

四、参比电极

1. 参比电极的主要性能

参比电极广泛应用于电化学测量中，其作用是作为测量电极电位的“参比”对象。用它可以从测得的电池电动势计算被测电极的电极电位。参比电极的性能直接影响电位测量或控制的稳定性、重现性和准确性。不同的场合对参比电极的性能不尽相同，应根据具体测量对象，合理选择参比电极。在电化学测量中一般要求参比电极具有如下的性能：

(1) 理想的参比电极应是不极化电极。即电流流过时电极电位变化很微小。这就要求参比电极具有较大的交换电流密度。

(2) 参比电极要有很好的恢复特性。如果参比电极突然流过电流，断电后，其电极电位应很快恢复到原电位值，改变参比电极所处的温度，其电位会发生相应的变化，若温度恢复到原先值，电极电位也应很快恢复到原电位值，均不发生滞后现象。

(3) 参比电极要有良好的稳定性。温度系数要小，电位随时间的变化要小。

如果要准确测量电极电位时，还要求参比电极是可逆的，它的电位是平衡电位，符合能斯特电极电位公式，并要求参比电极电位具有良好的重现性。参比电极制备后搁置一定时间，其电位稳定不变。且各次制作的同样参比电极其电位也应相同。

在快速测量中要求参比电极具有低电阻，以减少干扰，提高系统的响应速度。另外，在具体选用参比电极时，应根据实验要求，并且考虑液接电势，以及是否会发生溶液间的相互作用和污染问题，一般可以采用同种离子溶液的参比电极。如在氯化物溶液体系中采用甘汞电极，在硫酸溶液体系中采用汞-硫酸亚汞电极。在碱性溶液中采用汞-氧化汞电极等。

表 1-1 给出了常用参比电极的电极电位及其温度系数。

温度校正公式： $\varphi_t = \varphi_{25\ ℃} + r(t - 25\ ℃)$

2. 水溶液中常用的参比电极

(1) 甘汞电极，$Hg|Hg_2Cl_2|Cl^-$

表 1-1　常用参比电极 25 ℃时的电极电位(vs 标准氢电极)及其温度系数

参比电极	电极体系	电极电位 φ/V	温度系数 r/(V·℃$^{-1}$)
饱和甘汞电极	$Hg\|Hg_2Cl_2$,KCl(饱和)	0.241 2	-7.6×10^{-4}
1 mol·L^{-1}甘汞电极	$Hg\|Hg_2Cl_2$,KCl(1 mol·L^{-1})	0.280 1	-2.4×10^{-4}
0.1 mol·L^{-1}甘汞电极	$Hg\|Hg_2Cl_2$,KCl(0.1 mol·L^{-1})	0.333 7	-7×10^{-5}
银-氯化银电极	$Ag\|AgCl$,KCl(0.1 mol·L^{-1})	0.222 4	-6.4×10^{-4}
汞-氧化汞电极	$Hg\|HgO$,NaOH(1 mol·L^{-1})	0.098	—
汞-硫酸亚汞电极	$Hg\|Hg_2SO_4$,H_2SO_4(1 mol·L^{-1})	0.614 1	-8.02×10^{-4}

甘汞电极是最常用的参比电极,其电极反应是:

$$Hg_2Cl_2(s)+2e \rightleftharpoons 2Hg+2Cl^-$$

$$\varphi=\varphi^{\ominus}-(RT/F)\ln a_{Cl^-}$$

甘汞电极由汞、甘汞、KCl 溶液等组成。通常甘汞电极内的溶液采用饱和 KCl 溶液。这种电极称为饱和甘汞电极。它的温度系数较大。有些甘汞电极采用 1 mol·L^{-1}或 0.1 mol·L^{-1}的 KCl 溶液。它们的温度系数较小。Hg_2Cl_2 在高温时不稳定,所以甘汞电极一般适用于 70 ℃以下的温度。

(2) 汞-硫酸亚汞电极,$Hg|Hg_2SO_4|SO_4^{2-}$

汞-硫酸亚汞电极由汞、硫酸亚汞和含SO_4^{2-}的溶液组成。它的电极反应为:

$$Hg_2SO_4(s)+2e \rightleftharpoons 2Hg+SO_4^{2-}$$

$$\varphi=\varphi^{\ominus}-(RT/2F)\ln a_{SO_4^{2-}}$$

硫酸亚汞在水溶液中易水解,且其溶解度较大,所以其稳定性较差。汞-硫酸亚汞常做硫酸体系中的参比电极。如用于铅酸蓄电池的研究、硫酸介质中的金属腐蚀研究。

(3) 汞-氧化汞电极,$Hg|HgO|OH^-$

汞-氧化汞电极是碱性溶液体系常用的参比电极,由汞、氧化汞和溶液组成,其反应式为:

$$HgO(s)+H_2O+2e \rightleftharpoons Hg+2OH^-$$

$$\varphi=\varphi^{\ominus}-(RT/F)\ln a_{OH^-}$$

(4) 银-氯化银电极，Ag |AgCl|Cl$^-$

银-氯化银电极具有非常良好的电极电位重现性。它是一种常用的参比电极。其电极反应为：

$$AgCl(s)+e \rightleftharpoons Ag+Cl^-$$

$$\varphi=\varphi^{\ominus}-(RT/F)\ln a_{Cl^-}$$

AgCl 在水中的溶解度约为 10^{-5}(25 ℃)，是很小的。但是如果在 KCl 溶液中，由于 AgCl 和 Cl$^-$ 能生成络合离子，AgCl 的溶解度显著增加。其反应为：

$$AgCl(s)+Cl^- \longrightarrow AgCl_2^-$$

在 1 mol · L^{-1} KCl 溶液中，AgCl 的溶解度为 14 mg L^{-1}。而在饱和 KCl 镕液中，则高达 10 g · L^{-1}。因此为保持电极电位的稳定，所用 KCl 溶液需要预先用 AgCl 饱和。特别是在饱和 KCl 溶液中更应注意。此外，如果把饱和 KCl 溶液的 Ag/AgCl 电极插在稀溶液中，在液接界处 KCl 溶液样被稀释，这时一部分原先溶解的 $AgCl_2^-$ 将会分解，而析出 AgCl 沉淀。这些 AgCl 沉淀容易堵塞参比电极管的多孔性封口。由于上述缺点，通常不采用饱和 KCl 溶液作为 Ag/AgCl 电极的电解液，而是采用 3.5 mol · L^{-1}KCl 溶液作为电解液。此外，为了防止因研究体系溶液对 Ag/AgCl 电极溶解稀释而造成的 AgCl 沉淀析出现象，可以在电极和研究体系溶液间放一个盛有 KCl 溶液的盐桥。

Ag/AgCl 电极对溶液内的 Br$^-$ 十分敏感。溶液中存在 0.01 mol · L^{-1} Br$^-$ 时，会引起电位变动 0.1～0.2 mV。虽然受光照时，银-氯化银电极的电位并不立即发生变化，但因为光照能促使 AgCl 分解。因此，应避免此种电极直接受到阳光的照射。此外，在酸性溶液中的氧也会引起电位的变动，有时可达 0.2 mV。

五、盐桥

在测量电极电位时，往往参比电极内的溶液和被研究体系内的溶液组成不一样，这时在两种溶液间存在一个接界面。在接界面的两侧由于溶液的浓度不同，所含的离子种类不同，造成离子向相对方向扩散。

在水溶液体系中，两种不同溶液的液接电位一般小于 50 mV。但如果是电解质水溶液和有机电解质溶液相接界，它的液接电位要大得多。因此，在测量电极电位时必须注意如何尽量减小液接电位，尤其在准确测量电极电位时。

通常多采用“盐桥”以减小液接电位。常见的盐桥是一种充满盐溶液的玻璃管，管的两端分别与两种溶液相连接。通常将盐桥做成“U”形状，充满盐溶液后，把它们置于两溶液间，使两溶液导通。为了减小盐桥两边的溶液通过桥的流动，有的盐桥采用玻璃磨口活塞，或用关闭活塞的“U”形管，活塞用盐桥溶液润湿。有的盐桥两端用多孔物质封结，最简单的封结是用石棉绳封结。石棉绳可以从石棉布上拆下，在火焰下把它封入已拉细的玻璃管的口内。另一种是用多孔烧结陶瓷或多孔烧结玻璃等。

在盐桥内充满凝胶状电解液，也可以抑制两边溶液的流动。所用的凝胶物质有琼脂、硅胶等，一般常用琼脂。制作时，先在热水中加 4%琼脂，待其溶解后加入所需的盐量，待盐溶解后，趁热把溶液注入或吸入盐桥玻璃管内，冷却后，管内电解液呈胶冻状。这种盐桥电阻较小，但琼脂在水中有一定的溶解度，若琼脂扩散到表面，有时会对电极过程有一定的影响。

制作盐桥时应注意盐桥的内阻，如果内阻太大，则易造成测量误差。

选择盐桥溶液应注意下述几点：

① 盐桥溶液内阴、阳离子的迁移速度应尽量相近。采用盐桥后，使原先一个液接界面变为由盐桥溶液与两边溶液组成的两个液接界面，这两个面的液接界电位应尽量小。具有相同离子迁移速度的溶液其液接界电位较小。在水溶液体系中，常采用 KCl 溶液且是浓度高的溶液，如饱和 KCl 溶液作盐桥溶液。当饱和 KCl 溶液与另一稀溶液相接界时，界面的扩散情况主要由离子向稀溶液扩散决定，而离子的迁移速度基本相等，因此减小了液接界电位。而且盐桥两端液接界电位符号恰恰相同，使两端液接界电位恰好抵消一部分。

盐桥溶液与被测溶液的液接界电位与盐桥内 KCl 溶液浓度有关。实际使用的盐桥多采用饱和 KCl 溶液。

在有机电解质溶液中的盐桥可采用苦味酸四乙基胺溶液，因为在很多溶剂中其正、负离子的迁移速度几乎相同。如果 KCl、NH_4NO_3在该有机溶剂中能溶解，则也可采用 KCl、NH_4NO_3溶液，也常用高氯酸季铵盐溶液。

② 盐桥溶液内的离子，必须不与两端的溶液相互作用。如对于 $AgNO_3$溶液体系，就不能采用 KCl 盐桥溶液，因为 Ag^+ 与 Cl^- 会生成 AgCl 沉淀，这时一般可采用 NH_4NO_3 溶液。因为 NH_4^+、NO_3^- 的离子迁移速度相近，它也可以有效地减小液接界电位。

③ 必须考虑盐桥溶液中离子扩散到被测系统后对测量结果的影响。在长期使用盐桥时，微量的盐桥溶液往往能扩散到被测体系中，因此，在选择盐桥时，必须考虑它的影响，如果体系用离子选择电极测定 Cl^- 的浓度，若采用饱和 KCl 溶液作盐桥溶液，那么微量 Cl^- 扩散到被测系统将影响 Cl^- 选择性电极的电位。又如，在研究金属腐蚀的电化学过程中，微量的 Cl^- 对某些金属的阳极过程会有明显的影响，这时应避免用 KCl 溶液的盐桥，或尽量设法避免 Cl^- 扩散到研究体系。

利用液位差使电解液朝一定方向流动，可以减小盐桥溶液扩散进入研究体系溶液或参比电极溶液中。

六、电化学工作站

电化学工作站是电化学测量系统的简称，是电化学研究和教学常用的测量设备。将这种测量系统组成一台整机，内含快速数字信号发生器、高速数据采集系统、电位电流信号滤波器、多级信号增益、IR 降补偿电路以及恒电位仪、恒电流仪等，可进行循环伏安法、线性扫描伏安法、交流阻抗法、脉冲伏安法、恒电流技术、电位阶跃技术等测量。这些技术基本可以满足对电极反应过程、界面电化学过程、金属腐蚀、电镀等内容研究的需求。这类仪器是进行电化学基础研究的基本仪器设备。现在可供选择的电化学工作站型号较多，主要有上海辰华 CHI 系列、美国 PAR 系列、德国 Zahner、兰力科电化学工作站等。下面以 CHI600E 系列电化学工作站为例，简单说明其原理、主要特点和使用方法。

1. 工作原理

CHI 系列电化学工作站为通用电化学测量系统。它内含快速数字信号发生器、高速数据采集系统、电位电流信号滤波器、多级信号增益、IR 降补偿电路以及恒电位仪/恒电流仪。该工作站由计算机控制进行测量。计算机的数字量可通过数模转化器而转化成能用于控制恒电位仪或恒电流仪的模拟量;而恒电位仪或恒电流仪输出的电压、电流以及电量等模拟量则可以通过数模转化器转换成可由计算机识别的数字量。通过计算机可进行各种操作,如产生各种电压波形、进行电流和电压的采样、控制电解池的通和断、灵敏度的选择、滤波器的设置、IR 降补偿的正反馈量、电解池的通氮除氧、搅拌、静汞电极的敲击和旋转电极控制等。由于计算机可同步产生扰动信号和采集数据,测量变得十分容易。计算机同时还可用于用户界面、文件管理、数据分析、处理、显示、数字模拟和拟合等。计算机控制的 CHI 系列电化学工作站十分灵活,实验控制参数的动态范围极为宽广,并将多种测量技术集成于单个仪器中。不同实验技术间的切换亦十分方便。

CHI660E 电化学工作站的具体功能见表 1-2。从表 1-2 中可见,该仪器几乎集成了常规的电化学测量技术。

表 1-2　　CHI660E 电化学工作站功能一览表

循环伏安法(CV)	傅立叶变换交流伏安法(FTACV)	交流阻抗-电位测量(IMPE)
交流阻抗测量(IMP)	二次谐波交流(相敏)伏安法(SHACV)	常规脉冲伏安法(NPV)
阶梯波伏安法(SCV)	开路电压-时间曲线(OCPT)	多电位阶跃方法(STEP)
Tafel 图(TAFEL)	双差分脉冲电流检测(DDPA)	交流(含相敏)伏安法(ACV)
计时电流法(CA)	电流扫描计时电位法(CPCR)	线性扫描伏安法(LSV)
计时电量法(CC)	积分脉冲电流检测(IPAD)	电流-时间曲线(i−t)
差分脉冲伏安法(DPV)	控制电位电解库仑法(BE)	差分脉冲电流检测(DPA)
电位溶出分析(PSA)	流体力学调制伏安法(HMV)	RDE 控制(0～10 V 输出)
计时电位法(CP)	扫描-阶跃混合方法(SSF)	电化学噪声测量(ECN)
方波伏安法(SWV)	差分常规脉冲伏安法(DNPV)	任意反应机理 CV 模拟器
多电流阶跃法(ISTEP)	交流阻抗数字模拟器和拟合程序	预设反应机理 CV 模拟器
恒电流仪	交流阻抗-时间测量(IMPT)	三脉冲电流检测(TPA)

2. 操作方法

将电极夹头夹到电解池的相应电极上,设定实验技术和参数后,便可进行实验。实验中如果需要电位保持或暂停扫描(仅对伏安法而言),可用 Control 菜单中的 Pause/Resume 命令。此命令在工具栏上有对应的键。

如果需要继续扫描，可再按一次该键。对于循环伏安法，如果临时需要改变电位扫描极性，可用 Reverse（反向）命令，在工具栏也有相应的键。若要停止实验，可用 Stop（停止）命令或按工具栏上相应的键。如果实验过程中发现电流溢出（Overflow，经常表现为电流突然成为一水平直线或得到警告），可停止实验，在参数设定命令中重设灵敏度（Sensitivity）。数值越小越灵敏（1.0×10^{-6} 要比 1.0×10^{-5} 灵敏）。如果溢出，应将灵敏度调低（数值调大）。灵敏度的设置以尽可能灵敏而又不溢出为准。如果灵敏度太低，虽不致溢出，但由于电流转换成的电压信号太弱，模数转换器只用了其满量程的很小一部分，数据的分辨率会很差，且相对噪声增大。对于 600 和 700 系列的仪器，在 CV 扫速低于 $0.01\ \mathrm{V\cdot s^{-1}}$ 时，参数设定时可设自动灵敏度控制（Auto Sens）。此外，TAFEL，BE 和 IMP 都是自动灵敏度控制的。

实验结束后，可执行 Graphics 菜单中的 Present Data Plot 命令进行数据显示。这时实验参数和结果（例如峰高、峰电位和峰面积等）都会在图的右边显示出来，可做各种显示和数据处理。很多实验数据可以用不同的方式显示。在 Graphics 菜单的 Graph Option 命令中可找到数据显示方式的控制，例如 CV 可允许选择任意段的数据显示，CC 可允许 $Q—t$ 或 $Q—t^{1/2}$ 的显示，ACV 可选择绝对值电流或相敏电流（任意相位角设定），SWV 可显示正反向或差值电流，IMP 可显示 Bode 图或 Nyquist 图等等。

要存储实验数据，可执行 File 菜单中的 Save As 命令。文件总是以二进制的格式储存，用户需要输入文件名，但不必加. bin 的文件类型。如果忘了存数据，下次实验或读入其他文件时会将当前数据抹去。若要防止此类事情发生，可在 Setup 菜单的 System 命令中选择 Present Data Override Warning。这样，以后每次实验前或读入文件前都会给出警告（如果当前数据尚未存储的话）。

若要打印实验数据，可用 File 菜单中的 Print 命令。但在打印前，需先在主视窗的环境下设置好打印机类型，打印方向（Orientation）请设置在横向（Landscape）。如果 Y 轴标记的打印方向反了，请用 Font 命令改变 Y 轴标记的旋转角度（90°或 270°）。你若要调节打印图的大小，可用 Graph Options 命令调节 X Scale 和 Y Scale。

若要切换实验技术，可执行 Setup 菜单中的 Technique 命令，选择新的实验技术，然后重新设定参数。如果要做溶出伏安法，则可在 Control 的菜单中执行 Stripping Mode 命令，在显示的对话框中设置 Stripping Mode Enabled。如果要使沉积电位不同于溶出扫描时的初始电位（也是静置时的电位），可选择 Deposition E，并给出相应的沉积电位值。只有单扫描伏安法才有相应的溶出伏安法，因此 CV 没有相应的溶出法。

一般情况下，每次实验结束后电解池与恒电位仪会自动断开。做流动电解池检测时，往往需要电解池与恒电位仪始终保持接通，以使电极表面的化学转化过程和双电层的充电过程结束而得到很低的背景电流。用户可用 Cell（电解池控制）命令设置"Cell On between I－t Runs"。这样，实验结束后电解池将保持接通状态。

3. 注意事项

（1）仪器的电源应采用单相三线。其中地线应与大地连接良好。地线的作用不但可以起到机壳屏蔽以降低噪声，而且也是为了安全，不致于由于漏电而引起触电。

（2）仪器不宜时开时关，但晚上离开实验室时建议关机。

（3）使用温度 15～28 ℃，此温度范围外也能工作，但会造成漂移和影响仪器寿命。

（4）电极夹头长时间使用造成脱落，可自行焊接，但注意夹头不要和同轴电缆外面一层网状的屏蔽层短路。

（5）常用的软件命令，如 Open（打开文件），Sace As（储存数据），Print（打印），Technique（实验技术），Parameters（实验参数），Run（运行实验），Pause/Resume（暂停/继续），Stop（终止实验），Reverse Scan Direction（反转扫描极性），IR Compensation（IR 降补偿），Filter（滤波器），Cell Control（电解池控制），Present Data Display（当前数据显示），Zoom（局部放大显示），Manual Result（手工报告结果），Peak Definition（峰形定义），Graph Options（图形设置），Color（颜色），Font（字体），Copy to Clipboard（复制到剪贴板），Smooth（平滑），Derivative（导数），Semi-derivative and Semi-integral（半微分半积分），Data List（数据列表）等都在工具栏上有相应的键。执行一个命令只需按一次键，这可大大提高软件使用速度。应熟悉并掌握

工具栏中键的使用。

七、霍尔槽

1. 简介与形状

霍尔槽(Hull Cell),又称赫尔槽或哈氏槽。霍尔槽试验只需要少量镀液,经过短时间试验便能得到在较宽的电流密度范围内镀液的电镀效果。由于该试验对镀液组成及操作条件作用敏感,因此,常用来确定镀液各组分的浓度以及 pH 值,确定获得良好镀层的电流密度范围,同时也常用于镀液的故障分析。因此,霍尔槽已成为电镀研究、电镀工艺控制不可缺少的工具。

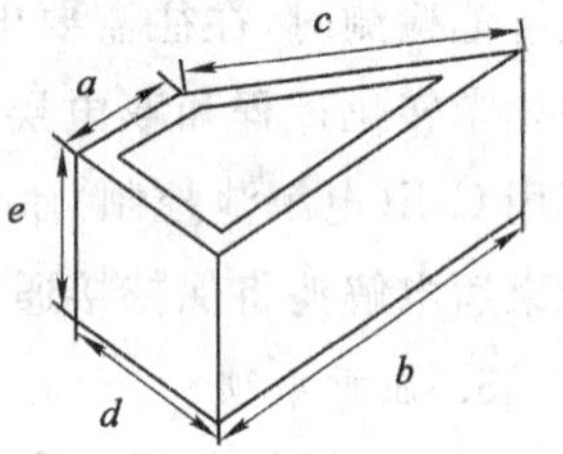

图 1-3 霍尔槽结构示意图

霍尔槽常用玻璃或有机硬聚氯乙烯等绝缘材料制成,底面呈梯形(图 1-3),阴、阳极分别置于不平行的两边,容量有 1 000 mL、267 mL 两种,其参数如表 1-3 所示。人们常在 267 mL 试验槽中加入 250 mL 镀液,便于将添加物折算成每升含有多少克。

表 1-3 霍尔槽参数

项目	1 000 mL	267 mL
a/cm	119	48
b/cm	213	127
c/cm	127	102
d/cm	86	64
e/cm	86	64
阴极	125×90×(0.5±0.1)	100×70×(0.5±0.1)
阳极	85×90×(3~5)	63×70×(3~5)
材质	透明的有机或无机玻璃	透明的有机或无机玻璃

2. 阴极电流分布

霍尔槽的阴极板与阳极板互不平行,阴极的离阳极较近的一端称近端;另一端离阳极远,称远端。由于电流从阳极流到阴极的近端和远端的路径不同，不同路径槽液的电阻也不同，因此阴极上的电流密度从远端到近端逐渐增大，250 mL 的霍尔槽近端的电流密度是远端的 50 倍。因而一次试验便能观察到相当宽范围的电流密度下所获得的镀层。

3. 试验方法

(1) 样液

试验用样液要有代表性。取样前，镀液必须充分搅拌，并从镀槽的不同部位采取，混合后取用。霍尔槽试验使用不溶性阳极时，镀液试验 1～2 次就要更新；使用可溶性阳极时，每取一次槽液可使用 6～8 次。做杂质或添加剂的影响试验时，槽液使用次数应少些。

(2) 试验条件

槽液温度应与生产时相同，时间一般为 5～10 min，光亮镀液应采用空气或机械搅拌，电流常取 1～2 A，镀铬用 5～10 A。

(3) 确定电流密度范围

(4) 绘图记录

记录样板情况应同时记录镀液成分、操作条件，记录可缩减为 1 cm 高的矩形，或仅取样板中间一条记录。镀层状况可用符号表示，当符号还不能充分说明问题时，可配合适当的文字。此外，当样板需作为资料时可在试片干燥后涂上清漆。保存样板的照片也常常能起到同样的效果。

八、充放电测试仪

电池测试仪主要用于检测电流、电压、容量、内阻、电池循环寿命，并给出相应的曲线图。现在，实验室和电池生产商一般都使用商品化的计算机控制的充放电仪器来完成充放电任务。与传统所使用的充放电操作相比，计算机控制的充放电仪器实现了高度的智能化和集成化，可以实现对电流、电压、时间甚至温度和内阻的检测或控制。比较典型的充放电仪器有新威、Land、DC5、Arbin 等。

使用这些电池测试系统时，首先把电池连接到测试系统的不同接点上，一般情况下每个接点有四条接线，其中两条采集电流信号，而另两条则采集电压信号，注意正负电极要接正确，然后通过在计算机的控制程序中输入充放电制度的相关参数。充放电制度一般包括充放电时的电流(或时间)、上限电压、下限电压、最低保护电压、各充放电步骤之间的时间间隔和循环次数等。可以把这些充放电制度程序进行存盘。待充放电控制程序设定好以后就可以启动仪器进行充放电测试,充放电数据文件可用仪器自带程序或一般数据处理工具软件进行处理,并输出希望的图形格式。

在电池充放电条件设定中,镍氢电池和镍镉电池的最高充电电压一般不超过 1.65 V,放电截止电压为 1.0 V,其中,在 0.5 C 以上倍率电流充电时,除了可采用时间外,也可辅助负电压降来控制充电电量。对锂离子电池进行恒流充电时,一般设定充电最高电压为 4.3 V,放电截至电压为 3.0 V。

九、超级净化手套箱

超级净化手套箱是将高纯惰性气体充入箱体内,并循环过滤掉其中的活性物质的实验室设备。其主要功能在于对 O_2、H_2O、有机气体的清除。广泛应用于无水、无氧、无尘的超纯环境,如锂离子电池及材料、半导体、超级电容、特种灯、激光焊接、材料合成等。

现以米开罗那公司的 Super(1220/750)手套箱为例来说明其操作方法。

1. 进箱操作流程

(1) 打开手套箱控制面板上的"真空泵"按钮(字体红色代表关闭,绿色代表开启,以下类同)。

(2) 打开过渡舱外通阀门,将物品放入(注意放入的物品不要形成封闭空间,或者十分严格密封,防止抽气时内部压力大于外部压力引起仪器损害和药品崩溅)。清洗后,真空表指针指示到"0"的位置才能打开外通阀门。

(3) 关紧外通阀门。

(4) 换气至少三次,先抽气再清洗,反复至少三次。

(5) 做电池前在手套箱的控制面板上,点击"设定"→"默认设定"("上压"为 4,"下压"为 −4)。

2. 箱内操作注意事项

(1) 戴上手套箱手套前先戴上汗布手套,防止操作中手上汗液黏在手套中以及指甲划破手套。

(2) 戴上手套时手指先充分伸进手套内,再把手臂伸进箱内,进入箱内操作。

(3) 操作开始前请将手套箱的操作手套戴上塑料手套。

(4) 在手套箱内尽量不使用利器(尤其剪刀),防止将手套扎破,如需要使用务必小心。

(5) 打开内通阀门,将物品带入手套箱内,关闭内通阀门。(注意:过渡舱两边任一阀门不能长时间处于打开状态)

3. 出箱操作流程

(1) 打开内通阀门,将组装的电池及杂物放入过渡舱内,然后关紧内通阀门。

(2) 打开外通阀门,取出物品并关闭好外通阀门。

(3) 做完电池后要保持手套箱内为正压,具体操作步骤如下:在手套箱的控制面板上,点击"设定"→设置"上压"为4,"下压"为1,上下间隔>2 bar。

(4) 将过渡舱换气2~3次。

(5) 换气结束后关闭"真空泵"按钮并保持过渡舱适当的负压。

4. 注意事项

实验用的物品放入手套箱时需要注意以下几点:

(1) 放入的物品不含有水和氧气(如纸、隔膜、钮扣电池正负极壳、镍网和自封袋要完全干燥),不要将暴露在空气中的电解液或其他液体放入手套箱等等。避免将水分和氧气带入手套箱。

(2) 将物品放入小过渡舱(大物件经由大过渡舱),拧好过渡舱盖子,抽洗至少三次后,再从过渡舱取出带入手套箱内。

(3) 做完电池后将手套箱里不要的杂物清理干净一并取出。

(4) 要记得将过渡舱保持负压以防空气进入手套箱。

(5) 每次使用前先检查惰性气体是否充足,控制面板上屏幕显示的水分、氧气指标是否达到标准控制之下(0.1×10^{-6}),超过标准时及时找仪器管理人员调试。

(6) 通常使用小过渡舱,如有特殊需要使用大过渡舱,请务必联系仪器管理人员。

(7) 每次使用时尽量使用手套箱的灯,并且用完一定要关闭。

(8) 手套箱下面有个抽气/充气踏板,一般情况下手套箱会自动调整压力，也可以自行脚动控制。注意不要误踩到！

(9) 操作前先戴上汗布手套，伸进手套箱内后再将塑料手套戴上。

(10) 真空泵与循环操作无关，不组装电池时要保持手套箱在循环状态，不开启真空泵。

(11) 不知具体用途的情况下，禁止随意按任何按钮。

(12) 保持手套箱操作位置的周边卫生和必要空间，禁止堆积物品。

十、库仑计

法拉第定律告诉我们，进行电化学反应时在电极表面上生成的物质的量与所通过的电量成正比。所以，电量即库仑量的精确测定显得很重要。用于测定电量的装置与电解池的装置相同。使用时，保持电流强度恒定，测出通电时间和析出物的质量，就可以计算出电流强度。随着电子技术的发展，目前可以精确地测定很小库仑量的装置已经问世。多数库仑计电路都使用一个阻值非常低的串联电阻作为检流电阻，通过检测检流电阻上的电压降反推电流，再通过电流对时间的积分来计算电量变化。目前已有当库仑量达到某一设定值时，可将电化学反应体系回路自动切断的库仑计。

常用的库仑计有滴定库仑计、重量库仑计（银库仑计）、气体库仑计、电子积分库仑计等。下面介绍几种常用的库仑计。

1. 重量库仑计（银库仑计）

重量库仑计是一个以银棒为阳极、铂坩埚为阴极、1 $mol\cdot L^{-1}$ $AgNO_3$ 为电解液的电解池。称量电解后铂坩埚的增重（银量），从而换算成通过电解池的电量。

2. 气体库仑计（氢氧气体库仑计）

气体库仑计是一个通过电解硫酸钾水溶液，在阳极上析出氧气，在阴极上析出氢气，再通过计算氧气和氢气的总体积来计算电量的装置。其构造如图 1-4 所示。左边是一个电解管，上面带有活塞，内装 0.5 $mol\cdot L^{-1}$ K_2SO_4 溶液，管中焊两片铂电极；右边是一支刻度管，电解管和刻度管用橡皮管连接。管外为恒温水浴套。使用时，将它与稳压电源连接。当有电流通过时，铂阴极上析出氢气（$4H_2O+4e\rightarrow 4OH^-+2H_2$）；铂阳极上析出氧气（$2H_2O\rightarrow O_2+4H^++4e$）。电解产生的氢气、氧气会使刻度管的液面上升，根据电解前后的液面差就可以读出氢氧混合气体的总体积。根据法拉第定律，96 485 $C \cdot mol^{-1}$的电量在标准状况下，可产生 11 200 mL H_2、5 600 mL O_2，共 16 800 mL 氢氧混合气体。即每库仑电量析出 16 800/96 485＝0.174 1 mL 氢氧混合气体。设产生氢氧混合气体为 V mL，则：

$$Q=V/(16\ 800/96\ 485)=V/0.174\ 1$$

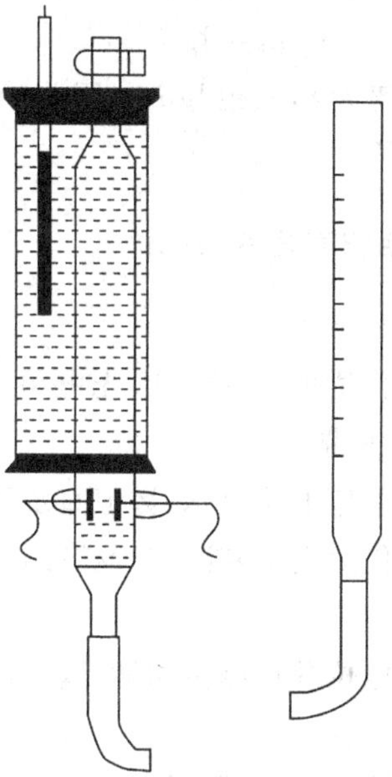

图 1-4　氢氧气体库仑计

氢氧气体库仑计的优点是准确度可达±0.1%、操作简单，是最常用的一种库仑计。其缺点是当电流密度小于 0.05 $A \cdot cm^{-2}$时，产生较大的误差。原因是阳极上同时产生少量的 H_2O_2，来不及分解或进一步在阳极上氧化产生 O_2，就逃逸到溶液中并在阴极被还原，使氢氧混合气体的体积减少（阳极电位较高时，有利于 H_2O_2的氧化）。

如果用 0.1 $mol \cdot L^{-1}$硫酸肼代替硫酸钾，阴极产物仍是氢气，而阳极产物为氮气：$N_2H_5^+ \rightarrow N_2 + 5H^+ + 4e$。这种库仑计称为氢氮库仑计。电量计算公式同氢氧库仑计。

3. 电子积分库仑计

以电流 i 对时间 t 积分可直接得到电量。目前在售的库仑计都采用

$i-t$电子积分来直接得到电量Q。

$$Q=\int_0^t i_t \mathrm{d}t=\int_0^t i_0 10^{-kt}\mathrm{d}t=\frac{i_0}{2.303k}(1-10^{-kt}) \tag{1}$$

当$t\to\infty$时，$10^{-kt}\to 0$，所以$Q=i_0/(2.303k)$。式中，$k=AD/\delta V$，A为电极面积，D为扩散系数，δ为扩散层厚度，V为电解液体积。

根据$i_t=i_0 10^{-kt}$，对上面的方程取代数得：

$$\lg i_t=\lg i_0-kt \tag{2}$$

以$\lg i_t$对t作图，斜率为k，截距$\lg i_0$。因此，可用式(2)计算电量，再由电子积分仪自动给出数据。

十一、SDC-Ⅲ数字电位差综合测试仪

（一）特点

(1) 一体设计：将UJ系列电位差计、光电检流计、标准电池等集成一体，体积小，重量轻，便于携带。

(2) 数字显示：电位差值七位显示，数值直观清晰、准确可靠。

(3) 内外基准：既可使用内部基准进行校准，又可外接标准电池作基准进行校准，使用方便灵活。

(4) 误差较小：保留电位差计测量功能，真实体现电位差计对比检测误差微小的优势。

(5) 性能可靠：电路采用对称漂移抵消原理，克服了元器件的温漂和时漂，提高测量的准确度。

（二）技术指标与使用条件

1. 技术指标(表1-4)

表1-4　技术指标

测量范围	0～±5 V
测量分辨率	1 μV(七位显示)
线性误差	内标：0.05%F.S；外标以外电池精度为准
外形尺寸	380 mm×170 mm×225 mm
重量	约2 kg

2. 使用条件

电源:～220 V±10%、50 Hz;环境:温度－5～40 ℃、湿度≤85%。

(三) 使用方法

1. 开机

用电源线将仪表后面板的电源插座与～220 V电源连接,打开电源开关,预热15 min后再进入下一步。

2. 以内标为基准进行测量

(1) 校验

① 用测试线将被测电动势按“＋”“－”极性与“测量插孔”连接。

② 将“测量选择”旋钮置于“内标”。

③ 将“10^0”位旋钮置于“1”,“补偿”旋钮逆时针旋到底,其他旋钮均置于“0”,此时,“电位指标”显示“1.000000”V,若显示小于“1.000000”V可调节补偿电位器以达到显示“1.000000”V,若显示大于“1.000000”V应适当减小“10^0～10^{-4}”旋钮,使显示小于“1.000000”V再调节补偿电位器以达到“1.000000”V。

④ 待“检零指示”显示数值稳定后,按一下[采零]键,此时,检零指示应显示“0000”。

(2) 测量

① 将“测量选择”置于“测量”。

② 调节“10^0－10^{-4}”五个旋钮,使“检零指示”显示数值为负且绝对值最小。

③ 调节“补偿旋钮”,使“检零指示”显示为“0000”,此时,“电位显示”数值即为被测电动势的值。

注意:① 测量过程中,若“检零指示”显示溢出符号“OU. L”,说明“电位指示”显示的数值与被测电动势值相差过大;② 电阻箱10^{-3}挡、10^{-4}挡值若稍有误差可调节“补偿”电位器来达到对应值。

3. 以外标为基准进行测量

(1) 校验

① 将已知电动势的标准电池按“＋”“－”极性与“外标插孔”连接。

② 将“测量选择”旋钮置于“外标”。

③ 调节“10^0～10^{-4}”五个旋钮和“补偿”旋钮，使“电位指示”显示的数值与外标电池数值相同。

④ 待“检零指示”数值稳定后，按一下[采零]键，此时，“检零指示”显示为“0000”。

(2) 测量

① 拔出“外标插孔”的测试线，再用测试线将被测电动势按“+”“-”极性接入“测量插孔”。

② 将“测量选择”置于“测量”。

③ 调节“10^0～10^{-4}”五个旋钮，使“检零指示”显示数值为负且绝对值最小。

④ 调节“补偿旋钮”，使“检零指示”为“0000”，此时，“电位显示”数值即为被测电动势的值。

4. 关机

将所有旋钮逆时针旋到底，关闭电源，然后拔下电源插头。

(四) 维护注意事项

(1) 置于通风、干燥、无腐蚀性气体的场合。

(2) 不宜放置在高温环境，避免靠近发热源如电暖气或炉子等。

(3) 为了保证仪表工作正常，没有专门检测设备的单位和个人，请勿打开机盖进行检修，更不允许调整和更换元件，否则将无法保证仪表测量的准确度。

(4) 若波段开关旋钮松动或旋钮指示错位，可撬开旋钮盖，用备用扳手对准槽口拧紧即可。

(5) 在使用时，若测试信号小于 1 V 时，数码管六位显示；若测试信号大于 1 V 时，数码管显示自动升位。

十二、ZD-B 智能电解测厚仪

(一) 技术参数

(1) 测量范围：0.01～50 μm；

(2) 测量精度：≤±10%；

(3) 测量对象：单金属镀层(Cu、Zn、Ni、Au、Ag、Sn、Cr 等)、合金镀层

(Pb-Sn、Cu-Zn、Zn-Ni、Ni-P 等)、复合镀层(Cu-Ni-Cr/Fe 等);

(4) 满足标准:ISO 2177-85;

(5) 测量不受基材影响,提高重复性和稳定性;

(6) 即可以单独进行镀层厚度测量,也可以通过电脑显示监控实时测量过程;

(7) 可根据用户特殊要求,定制特定测厚系统。

(二) 操作说明

1. 开机准备工作

(1) 开机时应听到"嘀"的一声,并且打印机应一同启动,打印机上的红、绿灯同时亮起;

(2) 将测试头上的黑色插头从接口中拔出,用红色夹子夹住插头,在测试仪上输入 0100 并按启动键,此时,测量指示灯亮,搅拌探头开始转动,显示器开始计数。

(3) 将夹子和插头的连接断开,此时搅拌探头停止转动,蜂鸣器鸣叫,显示器上显示最终数据。此时,可确认设备线路连接良好,可正常工作。

(2、3 步仅供参考,无需每次都测试)

2. 固定测试工件

(1) 将待测工件平稳放置在工作台上,同时保证正对测试头的平面为一处完整的平面。如工件为不规则形状,可使用海绵垫、硬纸板等辅助物将底部垫平。

(2) 将红色夹子平稳、牢固地夹在工件上。

(3) 调整测试头的位置,用测试头将工件压紧在工作台上。

(4) 将搅拌头从测试头的电解杯中移开,抽取 2 mL 蒸馏水注入电解杯中,观察约 5 s,确认测试头和工件间无漏水,否则需重新固定工件。

3. 电镀铬层的测试

(1) 抽取 1.5 mL 铬(Cr)层测试液,平稳匀速地注入电解杯内,并保证电解杯底部无任何气泡;

(2) 将搅拌头放入电解杯中,在测厚仪的面板上按一次"量程"键,然后输入"0200",然后按"启动"键,开始测量。此时搅拌头开始转动,显示器上数值不断增加。

(3) 测量结束后，蜂鸣器鸣叫，显示器上数值不再增长，此时按“复位”键，测量完成，打印机自动打印测试结果。

(4) 移开搅拌头，将测试残液抽出，并用蒸馏水清洗电解杯及搅拌头。

(5) 如按下“启动”键后，蜂鸣器即时鸣叫，则表示测量不成功，请查询解答。

4. 电镀镍层的测试

(1) 抽取 1.5 mL 镍(Ni)层测试液，平稳匀速地注入电解杯内，并保证电解杯底部无任何气泡。

(2) 将搅拌头放入电解杯中，在测厚仪的面板输入“0300”(不需按“量程”键)，然后按“启动”键，开始测量。此时搅拌头开始转动，显示器上数值不断增加。

(3) 测量结束后，蜂鸣器鸣叫，显示器上数值不再增长，此时按“复位”键，测量完成，打印机自动打印测试结果。

(4) 移开搅拌头，将测试残液抽出，并用蒸馏水清洗电解杯及搅拌头。

(5) 如按下“启动”键后，蜂鸣器即时鸣叫，则表示测量不成功，请查询解答。

5. 故障解疑

(1) 天气寒冷时，可预先开机 30 min 以上；

(2) 若按下“启动”键后，仪器立即停止并鸣叫，应确认是否存在以下问题：电解杯底部有气泡；红色夹子没有夹到工件上；镀层表面有污迹等情况；电解杯长期使用导致内壁沉积太多金属残渣，需用 3% 的稀盐酸溶液浸泡电解杯和橡胶圈。

第二章　电化学基础实验

实验 1　AgCl 电极的制备

一、实验目的

（1）了解常用参比电极的特点及应用；

（2）熟悉参比电极的性能及工作原理；

（3）掌握常用参比电极的制备方法。

二、实验原理

参比电极是测量各种电极电势时作为参照比较的电极。将被测定的电极与精确已知电极电势数值的参比电极构成电池，测定电池电动势数值，就可计算出被测定电极的电极电势。参比电极必须是电极反应为单一的可逆反应，电极电势稳定和重现性好。

通常多用微溶盐电极作为参比电极，氢电极只是一个理想的但不易于实现的参比电极，所以在实际应用中常选用其他电极作为参比电极，它们的氢标准电极电势是已知的。常用的参比电极有氢电极、甘汞电极、氧化汞电极、硫酸亚汞电极、氯化银电极等。在实际使用中应根据被测溶液的性质和浓度选择组成相同或相近的参比电极，如在含有 Cl^- 的溶液中可选用甘汞电极或氯化银电极；在硫酸或硫酸盐溶液中，可选用硫酸亚汞电极；在碱性溶液中可选用氧化汞电极。这种选择方法可使液接电位减至最小程度，从而提高测量结果的准确性，并减少对参比电极的污染。

氯化银参比电极不会被极性化，可以提供精确的数据。由于实验室中越来越少使用汞，因此氯化银电极的应用越来越多。氯化银电极可以表示为 Ag |AgCl|Cl^-，其电极反应为：

$$AgCl(s)+e \rightleftharpoons Ag+Cl^-$$

$$\varphi=\varphi^{\ominus}-(RT/F)\ln \alpha_{Cl^-}$$

氯化银电极平衡电位的数值取决于氯离子的活度。

三、仪器、试剂与材料

1. 仪器

整流电源 1 台，电镀槽 1 个，电解槽 1 个。

2. 试剂与材料

镀银液，0.1 mol・L^{-1} KCl 溶液，0.1 mol・L^{-1} HCl 溶液，5％HNO_3 溶液，蒸馏水，滤纸，丙酮，砂纸，导线若干，标难甘汞电极，银片，银电极 2 支，如图 2-1 所示。

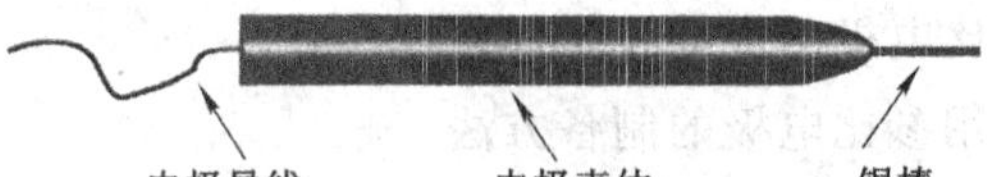

图 2-1　氯化银电极结构示意图

四、实验步骤

(1) 先用粗砂纸除去银电极表面的物质，露出银色，测量表面积。

(2) 用丙酮溶液清洗银电极，除去表面油污。

(3) 用水清洗银电极后，浸入 5％HNO_3溶液中 1 min 左右除去表面氧化物。

(4) 清洗后，进行电镀银。控制镀液温度为 40～50 ℃，阳极用银片，阴极电流密度设为 0.1 A・dm^{-2}，电镀 30 min，电镀线路如图 2-2 所示。

(5) 将镀好的银电极用蒸馏水洗净。再以银电极作为阳极，银片作为阴极，在 0.1 mol・L^{-1}的 HCl 溶液中以阳极电流密度 0.1 A・dm^{-2} 进行

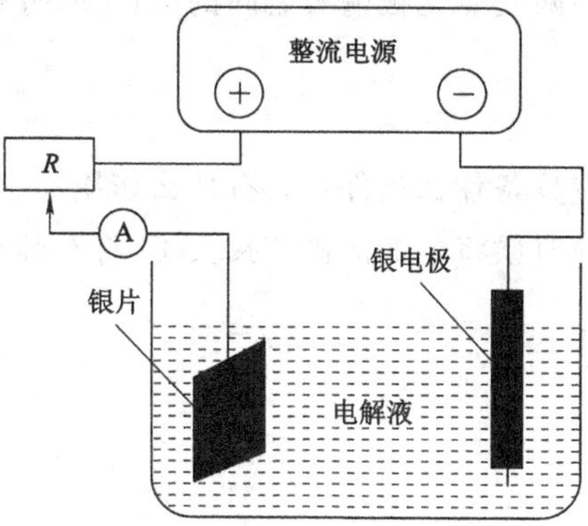

图 2-2 电镀银线路示意图

电解，电解 30 min，制得氯化银电极(表面为淡紫色)。取出用蒸馏水洗净，放在 0.1 mol · L^{-1}的 KCl 溶液中浸泡。

(6) 取一标准的甘汞电极作为基准，分别测量制备的 2 支参比电极的电极电位。测量线路如图 2-3 所示。

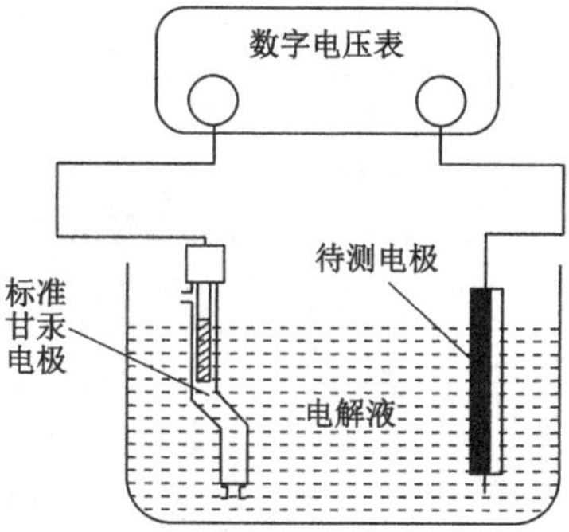

图 2-3 测量线路示意图

(7) 按同样线路测量制备的两支氯化银电极之间的电位差。

五、结果分析与讨论

(1) 以标准的甘汞电极作为基准，分别测量制备的两支氯化银电极的电极电位，观察两支氯化银的电极电位是否相同，分析原因。

(2) 测量制备的两支氯化银电极之间的电位差,分析其原因。

六、思考题

(1) 参比电极应具备什么条件？它有什么作用？

(2) 若在测量的时候将电池的极性接反了,将有什么后果？

实验 2　线性扫描伏安法和循环伏安法

一、实验目的

(1) 学会使用电化学工作站；

(2) 掌握用循环伏安法判断电极过程可逆性；

(3) 测量 E_p 和 i_p。

二、实验原理

循环伏安法(cyclic Voltammetry,CV)是最重要的电化学研究方法之一。该方法在电化学、无机化学、生物化学等许多研究领域被广泛应用。循环伏安法通常采用三电极系统，一支工作电极(被研究物质起反应的电极)，一支参比电极，一支辅助电极。外加电压加在工作电极与辅助电极之间，反应电流通过工作电极与辅助电极。

循环伏安法加电压的方式如图 2-4 所示。对可逆电极反应(电荷交换速率很快，反应由扩散控制的过程)：

$$Ox + ne \rightleftharpoons Red$$

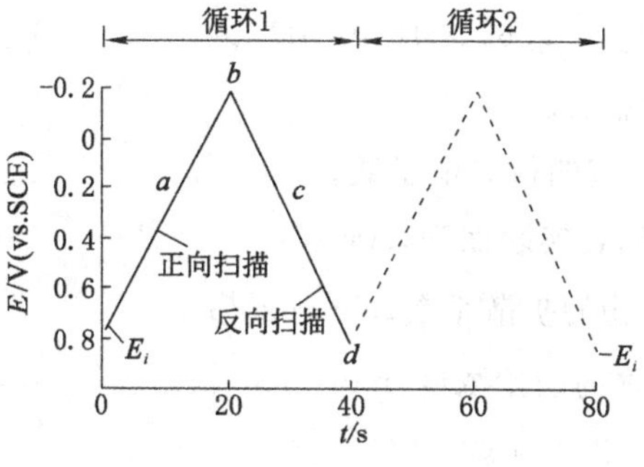

图 2-4　循环伏安法加电压的方式

当电压负向扫描时，Ox 在电极上还原，得到一个还原电流峰。当电压正向扫描时，Red 在电极上氧化，得到一个氧化电流峰。所以，电压完成一次循环扫描后，将记录出一个如图 2-5 所示的氧化还原曲线。循环伏安法能迅速提供电活性物质电极反应的可逆性、化学反应历程、电活性物质的吸附等许多信息。

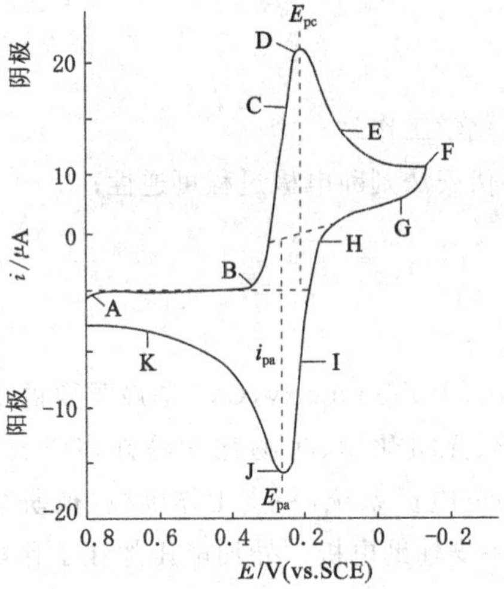

图 2-5　6×10^{-3} mol・L^{-1} 的 $K_4[Fe(CN)_6]$ 在 1 mol・L^{-1} 的 KNO_3 溶液中的 CV 图

注：扫描速度为 50 mV・s^{-1}；铂电极面积为 2.54 mm^2

对于可逆电极反应，峰电流 i_p 可表示为：

$$i_p = 2.69\times10^5 n^{\frac{3}{2}} A D_o^{\frac{1}{2}} \upsilon^{\frac{1}{2}} c_o^* \ (25\ ℃) \tag{1}$$

式中　i_p——峰电流，A；

n——电极反应的得失电子数；

A——电极的真实表面积，cm^2；

D_o——反应物的扩散系数，$cm^2\cdot s^{-1}$；

c_o^*——反应物的初始浓度，mol・cm^{-3}；

υ——扫描速率，V・s^{-1}。

作 $\lg i_p$—$\lg c$ 图，应得一直线，这是判断电极过程可逆性的依据之一。

峰电位可表示为：

$$E_p = E_{1/2} - 1.109\frac{RT}{nF} \tag{2}$$

为了进一步判断电极反应的可逆性，常用循环伏安法。在循环伏安图上，可逆过程有如下性质：

$$|i_{pc}| \approx |i_{pa}|$$

$$\Delta E_p = \Delta E_{pa} - \Delta E_{pc} = 2.303RT/nF$$

25 ℃时，$\Delta E_p = \Delta E_{pa} - \Delta E_{pc} \approx (57 \sim 63)/n \quad (mV)$

一般情况下，ΔE_p 约为 $58/n$ mV(25 ℃)。

三、仪器、试剂与材料

1. 仪器

CHI 电化学工作站。

2. 试剂与材料

1.00×10^{-3} mol·L^{-1} $K_3Fe(CN)_6$（铁氰化钾）溶液（0.2 mol·L^{-1} KNO_3），Au 电极，Pt 电极，玻碳电极，甘汞电极。

四、实验步骤

1. 选择仪器实验方法

电位扫描技术：循环伏安法。

2. 参数设置

初始电位：0.60 V；最高电位：0.60 V；最低电位：−0.20 V；等待时间：3～5 s；扫描速度：根据实验需要设定；循环次数：2～3 次；灵敏度选择：10～6 A 或自动灵敏度。

3. 操作步骤

(1) 以 1.00×10^{-3} mol·L^{-1} $K_3Fe(CN)_6$ 溶液为实验溶液。分别设扫描速率为 0.02、0.05、0.10、0.20、0.30、0.40、0.50 和 0.60 V·s^{-1}，记录线性扫描伏安图，并将实验结果填入表 2-1 中。

(2) 配置系列浓度的 $K_3Fe(CN)_6$ 溶液（含 0.2 mol·L^{-1} KNO_3）：1.0×10^{-3}、2.0×10^{-3}、4.0×10^{-3}、6.0×10^{-3}、8.0×10^{-3}、1.0×10^{-2} mol·L^{-1}，固定扫描速率为 0.10 V·s^{-1}，记录各个溶液的扫描伏安图。将实验结果填入表 2-2 中。

表 2-1　线性扫描伏安法实验结果

扫描速率/($V \cdot s^{-1}$)	0.02	0.05	0.10	0.20	0.30	0.40	0.50	0.60
峰电流 i_p								
峰电位之差 ΔE_p								

表 2-2　不同浓度溶液的峰电流

溶液浓度/($mol \cdot L^{-1}$)								
峰电流 i_p								

(3) 以 1.0×10^{-3} $mol \cdot L^{-1}$ $K_3Fe(CN)_6$ 溶液为实验溶液，改变扫描速率，将实验结果填入表 2-3 中。

表 2-3　不同扫描速率下的峰电流之比和峰电位之差

扫描速率/($V \cdot s^{-1}$)	0.02	0.05	0.10	0.20	0.30	0.40	0.50	0.60
峰电流之比								
峰电位之差								

五、结果处理

(1) 将表 2-1 中的峰电流对扫描速率 v 的 1/2 次方作图(i_p—$v^{1/2}$)得到一条直线，说明什么问题?

(2) 将表 2-1 中的峰电位对扫描速率 v 作图(E_p—v)，并根据曲线解释电极过程。

(3) 将表 2-2 中的峰电流对浓度作图(i_p—c)，将得到一条直线。试解释之。

(4) 表 2-3 中的峰电流之比值几乎不随扫描速度的变化而变化，并且接近于 1。为什么?

(5) 以表 2-3 中的峰电位之差值对扫描速度作图(E_p—v)，图中结果能说明什么问题?

六、思考题

(1) 如何利用循环伏安法判断电极过程的可逆性?

(2) 峰电位与半波电位和半峰电位相互间是什么关系?

实验3　电化学方法测定电极过程动力学参数

一、实验目的

(1) 掌握常规脉冲伏安法和计时电流(电量)法的基本原理；

(2) 了解上述方法的实验操作和电极过程动力学参数的应用。

二、实验原理

1. 常规脉冲伏安法

在一个恒定的基准电势 E_b 的基础上，叠加一振幅随时间增加的方波脉冲电势，测定脉冲电势后期的法拉第电流的方法，称为常规脉冲伏安法。

对于电极反应：

$$\mathrm{O}+n\mathrm{e} = \mathrm{R}$$

其可逆波方程式为：

$$E = E_{1/2} + 2.303\frac{RT}{nF}\lg\frac{i_l - i}{i} \tag{1}$$

用 E 对 $\lg\frac{i_l-i}{i}$ 作图，为直线，斜率为 $2.303\frac{RT}{nF}$，由此可求出电子转移数 n。

其极限电流为：

$$i_l = nFc_{\mathrm{o}}A\sqrt{\frac{D_{\mathrm{o}}}{\pi t_{\infty}}} \tag{2}$$

若已知浓度 c_{o}、电子转移数 n 和电极面积 A，可测得扩散系数 D_{o}。

2. 计时电流(电量)法

计时电流(电量)法是一种控制电位的暂态技术，电位是控制的对象，电流(电量)是被测定的对象，记录的是 i—t 或 Q—t 曲线。

当在电极上加一突然的电位阶跃，阶跃范围由还原波前(或氧化波后)某一电位变到远于还原波后(或氧化波前)的另一电位时，所引起的法拉第

电流 i_f 和充电电流 i_c，可用 Cottrell 方程表示：

$$i = i_f + i_c = \frac{nFAD^{1/2}}{(\pi t)^{1/2}} + i_c \tag{3}$$

该式即为计时电流法的 Cottrell 方程。将上式积分得：

$$Q = \frac{2nFAD^{1/2}t^{1/2}c}{\pi^{1/2}} + Q_{dl} \tag{4}$$

此式即为计时电量法的 Cottrell 方程。式中 Q_{dl} 为双电层的电量。作 $i—t^{-1/2}$ 或 $Q—t^{1/2}$ 关系曲线，应为直线，根据斜率可求得电极反应物的扩散系数 D。

三、仪器、试剂与材料

1. 仪器

电化学工作站，抛光机，超声波清洗器。

2. 试剂与材料

1.00×10^{-2} mol·L^{-1} $K_3Fe(CN)_6$ 水溶液，2.0 mol·L^{-1} KNO_3 水溶液，1.0 mol·L^{-1} Na_2SO_4 水溶液。试剂均为分析纯，使用二次重蒸水，抛光粉（Al_2O_3，200～300 目），铂（金、玻碳）圆盘电极（工作电极），铂丝电极（辅助电极），饱和甘汞电极（参比电极）。

四、实验步骤

1. 工作电极的预处理

用抛光粉（Al_2O_3，200～300 目）将电极表面磨光，然后在抛光机上抛成镜面，最后分别在 1∶1 乙醇、1∶1 HNO_3 和蒸馏水中超声波清洗（每次约 5 min）。取出，用蒸馏水冲洗后置于 0.5 mol·L^{-1} H_2SO_4 中，接通三电极系统，在 ±1.0 V 电位范围内以 1 000 mV·s^{-1} 的扫描速率循环扫描进行极化处理，至 CV 曲线稳定为止。

2. 常规脉冲伏安法

在电解池中加入 1.00×10^{-3} mol·L^{-1} $K_3Fe(CN)_6$ 水溶液（内含 0.20 mol·L^{-1} KNO_3，并在测定前除氧），选择常规脉冲伏安技术，电位范围为 −0.1～+0.6 V，脉冲高度选择 30 mV，记录其 $I—E$ 曲线。

3. 计时电流(电量)法

利用步骤 2 的溶液，选择计时电流技术，电位阶跃由＋0.6 V 至－0.1 V，阶跃前在＋0.6 V 处静止 5 s，然后施加电位阶跃，记录 I—t 曲线。然后选择计时电量法，在同样的电位范围内做阶跃实验，记录 Q—t 曲线。

五、数据处理

(1) 在常规脉冲法的 I—E 曲线上求得 i_l 值，然后取 5～6 个电流数据作 $\eta_{act}=a+b\ln j$ 图，应为直线，分别由直线斜率和截距求得电子转移数 n 和半波电位 $E_{1/2}$。

(2) 在计时电流的 i—t 曲线和计时电量法 Q—t 曲线上取数据，分别绘制 i—$t^{-1/2}$ 和 Q—$t^{1/2}$ 关系曲线，应为直线，由斜率分别求得扩散系数 D。

六、注意事项

每次扫描之前，为使电极表面恢复初始条件，将电极提起后再放入溶液中，应搅拌溶液，等溶液静止 1～2 min 后再扫描。电极表面处理是能否得到可逆电极反应的关键，如果在实验过程中发现电极可逆性变差，应重新处理电极。

七、思考题

(1) 溶液中电活性物质的扩散速率受哪些因素影响？

(2) 实验中如何加快扩散速率？

实验 4　三角波电位扫描法研究氢和氧在铂电极上的吸附行为

一、实验目的

(1) 掌握三角波电位扫描法的测量技术;

(2) 测量氢、氧在铂电极上的吸脱附峰,并绘制 φ—i 曲线;

(3) 通过实验加深对氢电极过程的理解。

二、实验原理

用恒电位仪控制研究电极电位在一定范围内以恒定的速度按三角波的规律变化,即依次进行方向相反的线性电位扫描,同时用电化学工作站记录通过电极的电流随电位的变化曲线。该曲线称为电位扫描曲线或循环伏安曲线,该方法称作三角波扫描法或循环伏安法。三角波的电位范围可根据实验要求进行选择。如只需对研究电极进行阴极过程的研究时,则电位范围应选择该电极平衡电位的负向;反之,应选择在平衡电位的正向。若既要观察阴极过程又要观察阳极过程,那么,电极范围就应选择在平衡电位两侧。

在动电位扫描曲线中可以观察到电流波峰的存在。峰电流形成的原因,可能是电化学反应造成的。到电位扫描后期,扩散电流又因扩散层厚度的增加而降低,因而形成电流峰值。也可能是由于法拉第吸附电流或是一般吸脱附过程所引起双电层电容急剧变化而带来的与之相应双电层充放电电流的急剧变化,因此,三角波电位扫描法在研究电极过程和吸脱附过程中是一种有用的工具。本实验采用该法研究氢、氧原子在铂金电极上的吸脱附行为。

氢析出反应的最终产物是氢分子,但是两个水化的原子在电极表面上同一处同时放电的概率是很低的。因此,电化学反应的最终产物是氢原子,该原子具有高度的化学活泼性,它可以和金属表面互相作用(近似于化学键力)生成 MH (M 为电极的金属,H 为氢原子)。此过程称为法拉第吸附过程。

$$H^{+}+e+M \longrightarrow M—H$$

在平滑的 Pt、Pd 等金属电极上,氢析出的过程,最大可能是受复合步骤控制,在电极上氧析出的同时,几乎没有发生副反应,主要发生电极材料的氧化,即便在 Pd 这样的金属材料上也是如此。例如,在 H_2SO_4溶液中,当电位相对于氢标准电极电位在 0.9 V 以上,在 Pt 电极上将发生 H_2O 的氧化,并与电极金属互相作用。

$$M+H_2O = M—O+2H^{+}+2e$$

因而可以采用在一定范围内的三角波电位扫描法研究氢、氧的法拉第吸附。Pt 在 H_2SO_4溶液中的 $\varphi—i$ 曲线如图 2-6 所示。曲线可以分为 3 个区域:氢区(Ⅰ)、双层区(Ⅱ)、氧区(Ⅲ)。横轴上部为正向扫描所得到的极化曲线,横轴下部为负向扫描所得到的极化曲线。

负向扫描时,氢区出现的两个电流峰是氢的吸附峰,峰 4 处对应着 H^{+} 的还原过程,所生成的原子 H 吸附在 Pt 上形成 MH。此时由于 Pt 电极刚刚开始吸附氢原子,所以电极表面的吸附覆盖度较低,因而所形成的 MH 结合力较强,这部分吸附氢称作强吸附氢,以强 H_a(adsorption)表示。当 Pt 电极表面已经吸附一部分强 H_a之后,Pt 电极表面吸附覆盖度增大,此时再继续进行氢的吸附,就与金属表面结合较弱,所以在峰 3 处吸附的氢为弱吸附氢,以弱 H_a来表示。

在正向扫描时,氢区的两个峰为氢的脱附峰,峰 1 比峰 2 的电位更负,不难理解,峰 1 处的吸附氢较峰 2 处的吸附氢容易氧化,即容易脱附。显然,这是因为峰 1 处所对应的是弱 H_a,故容易脱附,而峰 2 处所对应的是强 H_a,所以较难脱附。

由图 2-6 看出,峰 2、峰 4 的 i_p和 φ_p基本相同,而峰 1 和峰 3 的 i_p和 φ_p也基本相同,因此,可以说在 Pt 电极上氢的吸脱附过程基本上是可逆的。

同时,如图 2-6 所示,在Ⅱ区没有电化学反应发生,只有微弱电流用于双电层充电。Ⅲ区为氧的吸脱附区,氧的吸附峰 5 和氧的脱附峰 6 分离较远且峰值不等,可见氧的吸脱附过程不是可逆的。

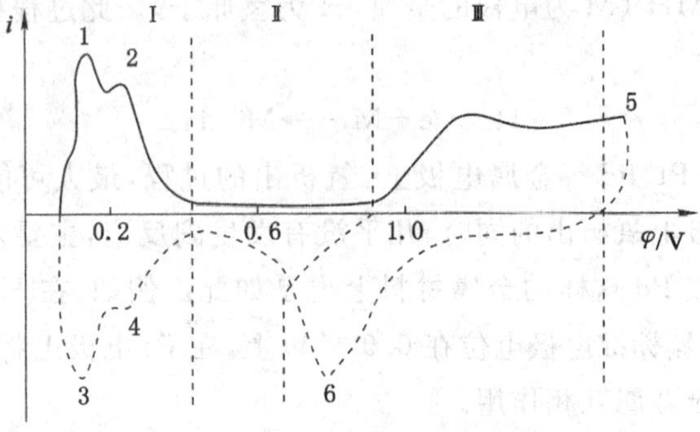

图 2-6　Pt 在 H_2SO_4 溶液中的 φ—i 曲线

三、仪器、试剂与材料

1. 仪器

CHI 电化学工作站。

2. 试剂与材料

0.5 mol·L^{-1} H_2SO_4 溶液(电解液,该溶液用优级纯试剂和二次蒸馏水配制,使用时通纯度 99.99%的氮气,约 500 mL),氮气,铂片电极(研究电极、辅助电极)4 只,汞-硫酸亚汞电极(参比电极)2 只,烧杯(500 mL)2 个。

四、实验步骤

(1) 电化学工作站与控制微机联机,开机预热 30 min。

(2) 研究电极经除油清洗后,装入电解池。

(3) 按图 2-7 接好线路,其中红色接头接辅助电极(counter electrode,CE),白色接头接参比电极(reference electrode,RE),绿色接头接研究电极(working electrode,WE),黑色接头悬空,作为感受电极(或者第二参比电极,second reference electrode,SE)。

(4) 通氮气鼓泡 15～20 min,以除去溶液中多余的氢和氧。

(5) 依次打开电化学工作站、计算机、显示器等电源,预热 10 min 后启动 CHI 软件。

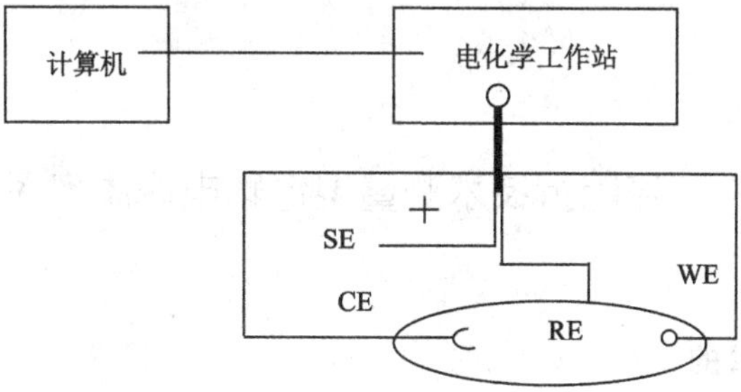

图 2-7　线路图

(6) 执行“Control”菜单中的“Open Circuit Potential”命令，测量研究电极相对参比电极的自然电位。

(7) 在“Setup”菜单中执行“Technique”命令，选择“Cyclic Voltammetry”技术进入参数设置界面(如未出现参数设置界面，再执行“setup”菜单中的“Parameters”命令进入参数设置界面)。

实验条件设置如下：Init E(初始电位)设置为步骤(6)测得的自然电位；High E(最高电位)一般是在步骤(6)测得的自然电位基础上增加 800～1 500 mV；Low E(最低电位)是在步骤(6)测得的自然电位基础上减小 800～1 500 mV；扫描速率取 25 $mV \cdot s^{-1}$；Sensitivity(灵敏度)选“默认”。

(8) 执行“Control”菜单中的“Run Experiment”命令，开始极化实验。

(9) 实验结束后，保存实验结果，得到循环伏安曲线和峰值参数。

五、实验结果

绘制循环伏安曲线，读取峰值参数。

六、思考题

(1) 根据绘制的循环伏安曲线讨论 Pt 电极上氢的吸脱附过程的可逆性。

(2) 根据绘制的循环伏安曲线讨论 Pt 电极上氧的吸脱附过程的可逆性。

实验5 交流阻抗技术测量聚合物电解质离子电导率

一、实验目的

(1) 了解交流阻抗技术原理及应用;

(2) 应用交流阻抗技术测定聚合物电解质的离子电导率。

二、实验原理

交流阻抗法是一种以小振幅的正弦波电位(或电流)为扰动信号,叠加在外加直流电压上,并作用于电解池。通过测量系统在较宽频率范围的阻抗谱,获得研究体系相关动力学信息及电极界面结构信息的电化学测量方法。例如,可从阻抗谱中含有时间常数个数及其大小推测影响电极过程的状态变化情况,也可从阻抗谱图观察电极过程中有无传质过程的影响等。

本实验采用交流阻抗技术测量聚合物电解质的离子电导率。基本测试电池回路的等效电路如图2-8所示。其中 C_{dl} 是双电层电容,由电极/电解质界面的相反电荷形成,C_g 是两个平行电极构成的几何电容,它的数值较双电层电容 C_{dl} 小。R_b 为电解质的本体电阻。

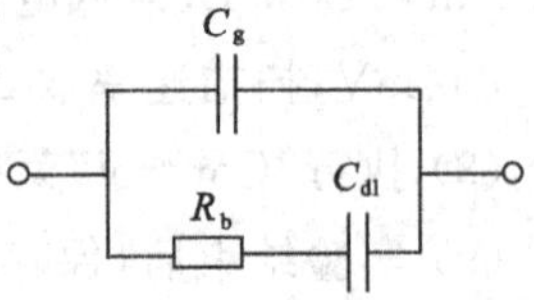

图2-8 测试电池的等效电路

由图2-8等效电路计算得到相应的阻抗值:

$$Z=\frac{C_{dl}^2R_b}{(C_g+C_{dl})^2+\omega^2C_{dl}^2C_g^2R_b^2}-\mathrm{j}\frac{C_g+C_{dl}+\omega^2C_{dl}^2C_g^2R_b^2}{\omega(C_g+C_{dl})^2+\omega^3C_{dl}^2C_g^2R_b^2}\tag{1}$$

其中,实部:

$$Z'=\frac{C_{dl}^2R_b}{(C_g+C_{dl})^2+\omega^2C_{dl}^2C_g^2R_b^2}\tag{2}$$

虚部:

$$-Z'' = \frac{C_g + C_{dl} + \omega^2 C_{dl}^2 C_g^2 R_b^2}{\omega (C_g + C_{dl})^2 + \omega^3 C_{dl}^2 C_g^2 R_b^2} \tag{3}$$

在低频区 $\omega \to 0$，式(2)简化为：

$$Z' = \frac{C_{dl}^2 R_b}{(C_g + C_{dl})^2} \tag{4}$$

当 $C_{dl} \gg C_g$ 时，则 $C_g / C_{dl} \to 0$ 得到：

$$Z' = R_b \tag{5}$$

此时图 2-8 简化成纯电阻 R_b，在复平面图上是一条垂直于实轴并与实轴交于 R_b 的直线。

在高频区 $\omega \to \infty$，当 $C_{dl} \gg C_g$ 时式(2)简化为：

$$Z' = \frac{R_b}{1 + \omega^2 C_g^2 R_b^2} \tag{6}$$

而式(3)简化为：

$$-Z'' = \frac{\omega C_g^2 R_b^2}{1 + \omega^2 C_g^2 R_b^2} \tag{7}$$

将式(6)与式(7)中的 ω 消去可得：

$$\left(Z' - \frac{R_b}{2}\right)^2 + (-Z'')^2 = \frac{R_b^2}{4} \tag{8}$$

式(8)表示的是一个以($R_b/2$,0)为圆心，$R_b/2$ 为半径的圆方程。在复平面图上表现为一个半圆。

综合式(4)和式(8)，与图 2-8 对应的阻抗图谱如图 2-9 所示。该阻抗图是一个标准的半圆(高频部分)，外加一条垂直于实轴 Z' 的直线(低频部分)。

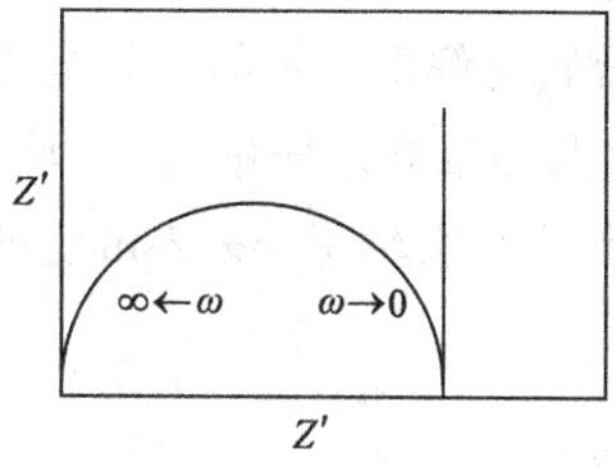

图 2-9 与图 2-8 等效电路对应的阻抗图谱

由图 2-9 中直线与实轴的交点，可求出本体电解质的电阻值 R_b。通过测定测试电池的电极面积 A 与聚合物电解质膜的厚度 d，即可求得该导电聚合物的电导率：

$$\sigma=\frac{d}{R_b \cdot A}(\mathrm{s \cdot cm^{-1}})$$

在实际聚合物电解质的电导率测量中，通常得到的是由压扁的半圆和倾斜的尾线组成，如图 2-10 所示。因此仅用电阻和电容组成的等效电路，不能很好地解释电极/电解质界面双电层。近年来，人们采用固定相元 cpe 作为等效元件来解释阻抗数据。

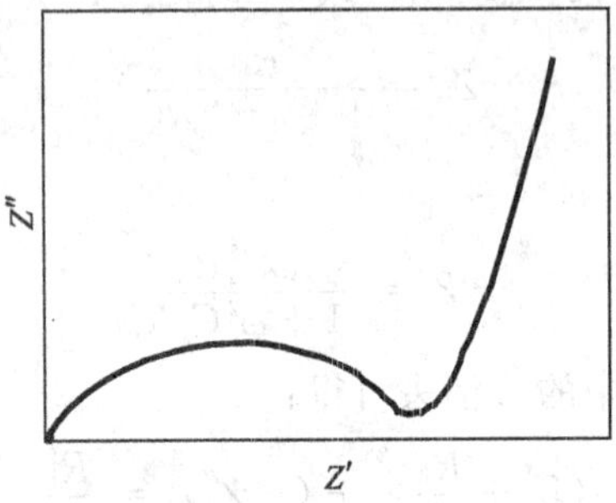

图 2-10　聚合物电解质的阻抗图

所谓固定相元 cpe，可想象为一个漏电容，其性质介于电阻与电容之间，其阻抗表达式为：

$$Z_{\mathrm{cpe}} = K(j\omega)^{-p} = K\omega^{-p}[\cos(p\pi/2) - \mathrm{j}\sin(p\pi/2)] \qquad (9)$$

其中，$0 \leqslant p \leqslant 1$，$K$ 为常数。

将固定相元引入聚合物电解质测定的等效电路能较好地解释图 2-9 与图 2-10 阻抗图谱的不同（具体推导过程略）。在低频区的阻抗图上，是一条与实轴相交于 $O(R_b, 0)$ 点并与实轴呈 $p\pi/2$ 角度的一条直线，在高频区为一旋转放大的半圆。

三、仪器、试剂与材料

1. 仪器

CHI 电化学工作站，游标卡尺。

2. 试剂与材料

聚苯胺电解质膜，铂片电极，铂丝电极（辅助电极），饱和甘汞电极（参比电极）。

四、实验步骤

（1）将一定尺寸聚苯胺电解质膜夹在两片铂片电极间，铂丝电极作辅助电极，饱和甘汞电极作参比电极，连接好测量线路。

（2）在 CHI 电化学工作站上测定样品的交流阻抗谱。实验条件设置：电位设为开路电压、频率范围从 1 Hz 到 10^5 Hz。

五、实验结果与分析

由交流阻抗图谱中尾线与实轴的交点，读取聚合物电解质的本体电阻，计算该聚合物电解质的电导率。

六、思考题

（1）交流阻抗技术测定电解质的离子电导率的理论依据是什么？

（2）进行交流阻抗测定时，电位为什么设为开路电压？

实验6 原电池电动势的测定

一、实验目的

(1) 测定Cu-Zn电池的电动势和Cu、Zn电极的电极电势；

(2) 学会一些电极的制备和处理方法；

(3) 掌握电位差计的测量原理和正确使用方法。

二、实验原理

电池在放电过程中，正极发生还原反应，负极发生氧化反应，电池内部还可能发生其他反应。电池反应是电池中所有反应的总和。

电池除可用来作为电源外，还可用它来研究构成此电池的化学反应的热力学性质。从化学热力学知道，在恒温、恒压、可逆条件下，电池反应有以下关系：

$$\Delta G = -nFE \tag{1}$$

式中，ΔG是电池反应的吉布斯自由能变化值；n为电极反应中得失电子的数目；F为法拉第常数(其数值为96 500 C)；E为电池的电动势。所以测出该电池的电动势E后，便可求得ΔG，进而又可求出其他热力学函数。但必须注意，首先要求电池反应本身是可逆的，即要求电池电极反应是可逆的，并且不存在任何不可逆的液接界。同时要求电池必须在可逆情况下工作，即放电和充电过程都必须在准平衡状态下进行，此时只允许有无限小的电流通过电池。因此，在用电化学方法研究化学反应的热力学性质时，所设计的电池应尽量避免出现液接界，在精确度要求不高的测量中，出现液接界电势时，常用“盐桥”来消除或减小。

在进行电池电动势测量时，为了使电池反应在接近热力学可逆条件下进行，采用电位差计测量。原电池电动势主要是两个电极的电极电势的代数和，如能测定出两个电极的电势，就可以计算得到由它们组成的电池的电动势。由式(1)可推导出电池的电动势以及电极电势的表达式。下面以铜-锌电池为例进行分析。

电池表示式为：

$$Zn|ZnSO_4(m_1)\|CuSO_4(m_2)|Cu$$

符号"|"代表固相(Zn 或 Cu)和液相($ZnSO_4$或 $CuSO_4$)两相界面；"‖"代表连通两个液相的"盐桥"；m_1 和 m_2 分别为 $ZnSO_4$溶液和 $CuSO_4$溶液的质量摩尔浓度。

当电池放电时，发生如下反应：

负极反应

$$Zn \longrightarrow Zn^{2+}(a(Zn^{2+}))+2e^-$$

正极反应

$$Cu^{2+}(a(Cu^{2+}))+2e^- \longrightarrow Cu$$

电池总反应

$$Zn+Cu^{2+}(a(Cu^{2+}))\longrightarrow Zn^{2+}(a(Zn^{2+}))+Cu$$

电池反应的吉布斯自由能变化值为：

$$\Delta G = \Delta G^{\ominus} + RT\ln\frac{a(Zn^{2+})\cdot a(Cu)}{a(Cu^{2+})\cdot a(Zn)} \tag{2}$$

式(2)中 $\Delta G^{\ominus}$为标准态时自由能的变化值；a 为物质的活度，纯固体物质的活度等于 1，则有：

$$a(Zn) = a(Cu) = 1 \tag{3}$$

在标准态时，$a(Zn^{2+})=a(Cu^{2+})=1$，则有：

$$\Delta G = \Delta G^{\ominus} = -nFE^{\ominus} \tag{4}$$

式中 $E^{\ominus}$为电池的标准电动势。由式(1)至式(4)可解得：

$$E = E^{\ominus} - \frac{RT}{nF}\ln\frac{a(Zn^{2+})}{a(Cu^{2+})} \tag{5}$$

对于任一电池，其电动势等于两个电极电势之差值，其计算式为：

$$E = \varphi_+(\text{右，还原电势}) - \varphi_-(\text{左，氧化电势}) \tag{6}$$

对铜-锌电池而言：

$$\varphi_+ = \varphi^{\ominus}_{Cu^{2+}/Cu} - \frac{RT}{2F}\ln\frac{1}{a(Cu^{2+})} \tag{7}$$

$$\varphi_- = \varphi^{\ominus}_{Zn^{2+}/Zn} - \frac{RT}{2F}\ln\frac{1}{a(Zn^{2+})} \tag{8}$$

式中 $\varphi^{\ominus}_{Cu^{2+}/Cu}$ 和 $\varphi^{\ominus}_{Zn^{2+}/Zn}$ 是当 $a(Cu^{2+})=a(Zn^{2+})=1$ 时，铜电极和锌电极的标准电极电势。

对于单个离子，其活度是无法测定的，但强电解质的活度与物质的平均质量摩尔浓度和平均活度系数之间有以下关系：

$$a(Zn^{2+}) = \gamma_{\pm}\, m_1 \tag{9}$$

$$a(Cu^{2+}) = \gamma_{\pm}\, m_2 \tag{10}$$

$\gamma_{\pm}$ 是离子的平均离子活度系数。其数值大小与物质浓度、离子的种类、实验温度等因素有关。有关 $\gamma_{\pm}$ 的数值，可参见相关物理化学手册。

在电化学中，电极电势的绝对值至今无法测定，在实际测量中是以某一电极的电极电势作为零标准，然后将其他的电极（被研究电极）与它组成电池，测量其间的电动势，则该电动势即为该被测电极的电极电势。被测电极在电池中的正、负极性，可由它与零标准电极两者的还原电势比较而确定。通常将氢电极在氢气压力为 101 325 Pa、溶液中氢离子活度为 1 时的电极电势规定为 0 V，称为标准氢电极，然后与其他被测电极进行比较。

由于使用标准氢电极不方便，在实际测定时往往采用第二级的标准电极，甘汞电极是其中最常用的一种。这些电极与标准氢电极比较而得到的电势已精确测出，可参见相关物理化学手册。

以上所讨论的电池在电池总反应中发生了化学变化，因而被称为化学电池。还有一类电池叫作浓差电池，这种电池在净作用过程中，仅仅是一种物质从高浓度（或高压力）状态向低浓度（或低压力）状态转移，从而产生电动势，而这种电池的标准电动势 $E^{\ominus}$ 等于零伏。例如电池 $Cu|CuSO_4(0.010\,0\ mol \cdot L^{-1})\|CuSO_4(0.100\,0\ mol \cdot L^{-1})|Cu$ 就是浓差电池的一种。

电池电动势的测量工作必须在电池可逆条件下进行。因此，人们根据对消法原理（在外电路上加一个方向相反而电动势几乎相等的电池）设计了一种电位差计，以满足测量工作的要求。必须指出，电极电势的大小，不仅与电极种类、电解质溶液浓度有关，还与温度有关。相关手册中列出的数据通常是在 298 K 时，以水为溶剂的各种电极的标准还原电势。本实验是在实验温度下测得电极电势 φ_T，由式(7)和式(8)可计算 $\varphi_T^{\ominus}$。为了方便起见，可采用下式求出 298 K 时的标准电极电势 $\varphi^{\ominus}_{298}$，即：

$$\varphi_T^{\ominus} = \varphi^{\ominus}_{298} + \alpha(T-298) + \frac{1}{2}\beta(T-298)^2$$

式中 α、β 为电池电极的温度系数。对 Cu-Zn 电池来说：

铜电极　(Cu^{2+}/Cu)，$\alpha=0.008\times10^{-3}\ V\cdot K^{-1}$，$\beta=0$

锌电极　[$Zn^{2+}/Zn(Hg)$]，$\alpha=0.091\times10^{-3}\ V\cdot K^{-1}$，$\beta=0.62\times10^{-6}\ V\cdot K^{-2}$

三、仪器、试剂与材料

1. 仪器

SDC-Ⅲ数字电位差综合测试仪，电镀装置一套，检流计，0～25(或 50)毫安表。

2. 试剂与材料

标准电池，针筒，R40 电池，饱和甘汞电极，饱和硝酸亚汞溶液(控制使用)，电极管，硫酸锌(分析纯)，铜、锌电极，硫酸铜(分析纯)，电极架，氯化钾(分析纯)。

四、实验步骤

1. 电极制备

(1) 锌电极

用 6 $mol\cdot L^{-1}$硫酸浸洗锌电极以除去表面上的氧化层，取出后用水洗涤，再用蒸馏水淋洗，然后放入含有饱和硝酸亚汞溶液和棉花的烧杯中，在棉花上摩擦 3～5 s，使锌电极表面上形成一层均匀的锌汞齐，再用蒸馏水淋洗。把处理好的锌电极插入清洁的电极管内并塞紧，将电极管的虹吸管管口插入盛有 0.1 $mol\cdot L^{-1}$ $ZnSO_4$溶液的小烧杯内，用吸气球自支管抽气，将溶液吸入电极管至高出电极约 3 cm，停止抽气，旋紧夹子。电极的虹吸管内(包括管口)不可有气泡，也不能有漏液现象。

(2) 铜电极

将铜电极在 6 $mol\cdot L^{-1}$硝酸溶液内浸洗，除去氧化层和杂物，然后取出用水冲洗，再用蒸馏水淋洗。将铜电极置于电镀烧杯中做阴极，另取一个经清洁处理的铜棒做阳极，进行电镀，电流密度控制在 20 $mA\cdot cm^{-2}$为宜。其电镀装置如图 2-11 所示，电镀 0.5 h。由于铜表面极易氧化，故须在测量前进行电镀，且尽量使铜电极在空气中暴露的时间少一些。装配铜电极的方法与锌电极相同。

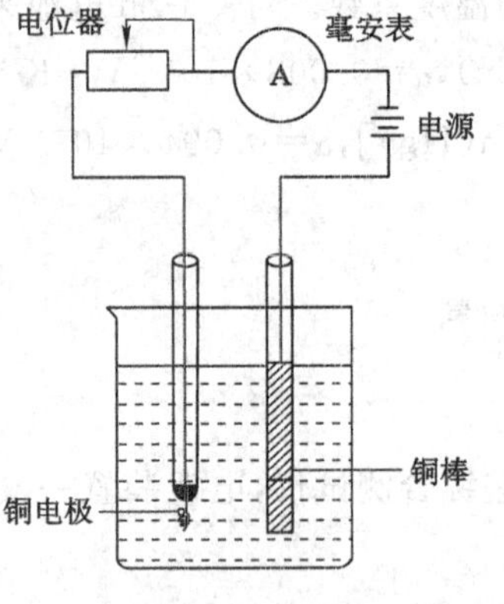

图 2-11　制备铜电极的电镀装置

2. 电池组合

按图 2-12 所示，将饱和 KCl 溶液注入 50 mL 的小烧杯内作为盐桥，将上面制备的锌电极的虹吸管置于小烧杯内并与 KCl 溶液接触，再放入饱和甘汞电极，即组成 Cu-Zn 电池：

$$Zn|ZnSO_4(0.1000\ mol\cdot L^{-1})\|CuSO_4(0.1000\ mol\cdot L^{-1})|Cu$$

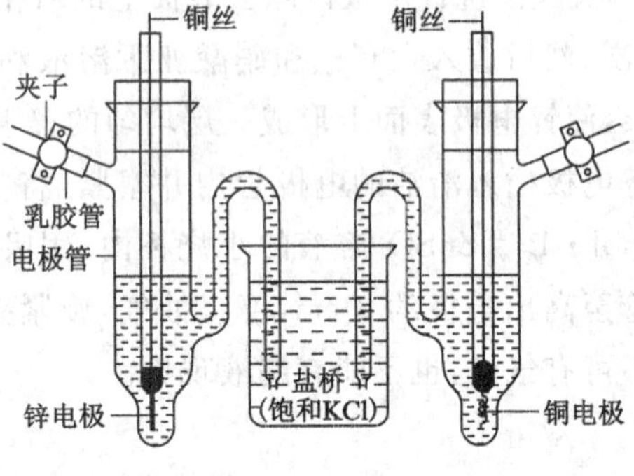

图 2-12　Cu-Zn 电池装置示意图

同法组成下列电池：

$$Zn|ZnSO_4(0.1000\ mol\cdot L^{-1})\|KCl(饱和)|Hg_2Cl_2|Hg$$

$$Hg|Hg_2Cl_2|KCl(饱和)\|CuSO_4(0.1000\ mol\cdot L^{-1})|Cu$$

3. 电动势测定

(1) 按照 SDC-Ⅲ数字电位差综合测试仪电路图，接好电动势测量线路。

(2) 根据标准电池的温度系数，计算实验温度下的标准电池电动势。以此对电位差综合测试仪进行标定。

(3) 用电位差综合测试仪分别测定以上 3 个电池的电动势。

五、数据处理

(1) 根据饱和甘汞电极的电极电势温度校正公式，计算实验温度下的电极电势：

$$\varphi_{饱和甘汞}/\mathrm{V} = 0.241\,5 - 7.61\times10^{-4}(T/\mathrm{K} - 298) \tag{11}$$

(2) 根据测定的各电池的电动势，分别计算铜、锌电极的 φ_T，$\varphi_T^{\ominus}$，$\varphi_{298}^{\ominus}$。

(3) 根据有关公式计算 Zn-Cu 电池的理论电动势 $E_{理}$，并与实验值 $E_{实}$ 进行比较。

(4) 有关文献数据见表 2-4。

表 2-4　Cu 和 Zn 电极的温度系数及标准电极电势

电极	电极反应	$\alpha\times10^3/(\mathrm{V\cdot K^{-1}})$	$\beta\times10^6/(\mathrm{V\cdot K^{-2}})$	$\varphi_{298}^{\ominus}/\mathrm{V}$
Cu^{2+}/Cu	$Cu^{2+}+2e = Cu$	−0.016	—	0.341 9
$Zn^{2+}/Zn(Hg)$	$Zn^{2+}+2e+(Hg) = Zn(Hg)$	0.100	0.62	−0.762 7

六、思考题

(1) 在用电位差综合测试仪测量电动势过程中，若检流计的光点总是向一个方向偏转，可能是什么原因？

(2) 用 Zn(Hg)与 Cu 组成电池时，有人认为锌表面有汞，因而铜应为负极，汞为正极。请分析此结论是否正确？

(3) 选择“盐桥”液应注意什么问题？

七、讨论

(1) 电动势的测量方法，在物理化学研究工作中具有重要的实际意义。通过电池电动势的测量可以获得氧化还原体系的许多热力学数据，如平衡常数、电解质活度及活度系数、离解常数、溶解度、络合常数、酸碱度以及某些热力学函数改变量等。

(2) 电动势的测量方法属于平衡测量，在测量过程中需尽可能地做到在可逆条件下进行。为此应注意以下几点：

① 测量前可根据电化学基本知识初步估算一下被测电池的电动势大小，以便在测量时能迅速找到平衡点，这样可避免电极极化。

② 要选择最佳实验条件使电极处于平衡状态。制备锌电极使锌汞齐化，成为Zn(Hg)，而不直接用锌棒。因为锌棒中不可避免地会含有其他金属杂质，在溶液中本身会成为微电池，锌电极电势较低(−0.762 7 V)，在溶液中，氢离子会在锌的杂质(金属)表面上放电，且锌是较活泼的金属，易被氧化。如果直接用锌棒做电极，将严重影响测量结果的准确度。锌汞齐化能使锌溶解于汞中，或者说锌原子扩散在惰性金属汞中，处于饱和的平衡状态，此时锌的活度仍等于1，氢在汞上的超电势较大，在该实验条件下，不会释放出氢气。所以汞齐化后，锌电极易建立平衡。制备铜电极也应注意：电镀前，铜电极基材表面要求平整清洁，电镀时，电流密度不宜过大，一般控制在10～20 mA·cm^{-2}，以保证镀层紧密。电镀后，电极不宜在空气中暴露时间过长，否则会使镀层氧化，应尽快洗净，置于电极管中，用溶液浸没，并超出1 cm左右，同时尽快进行测量。

③ 为了判断所测量的电动势是否为平衡电势，一般应在15 min左右的时间内，等间隔地测量7～8个数据。若这些数据是在平均值附近摆动，偏差小于±0.5 mV，则可认为已达平衡，并取最后三个数据的平均值作为该电池的电动势。

④ 前面介绍到必须要求电池可逆，并且要求电池在可逆的情况下工作。但严格说来，本实验测定的并不是可逆电池。因为当电池工作时，除了在负极进行氧化和在正极上进行还原反应以外，在$ZnSO_4$和$CuSO_4$溶液交界外还要发生Zn^{2+}向$CuSO_4$溶液中的扩散过程。而且当有外电流反向流入电池中时，电极反应虽然可以逆向进行，但是在两溶液交界处离子的扩散与原来不同，是Cu^{2+}向$ZnSO_4$溶液中迁移。因此整个电池的反应实际上是不可逆的。但是由于在组装电池时，溶液之间插入了“盐桥”，则可近似地当作可逆电池来处理。

实验 7　银在氢氧化钠溶液中的电化学行为研究

一、实验目的

(1) 通过银在氢氧化钠溶液中的循环伏安曲线，判断电极体系发生的电化学反应；

(2) 加深理解极化过程对电极电势的影响。

二、实验原理

在 KOH 溶液中，Ag 电极的循环伏安曲线如图 2-13 所示。可以看出，开始时，电位较低，电极表面是金属 Ag；当电位向正方向移动时，出现阳极电流，电极表面的 Ag 开始被氧化为 Ag_2O。随着阳极电流的增加，出现第一个阳极电流峰 A；电极反应为：

$$2Ag+2OH^- \longrightarrow Ag_2O+H_2O+2e \qquad (1)$$

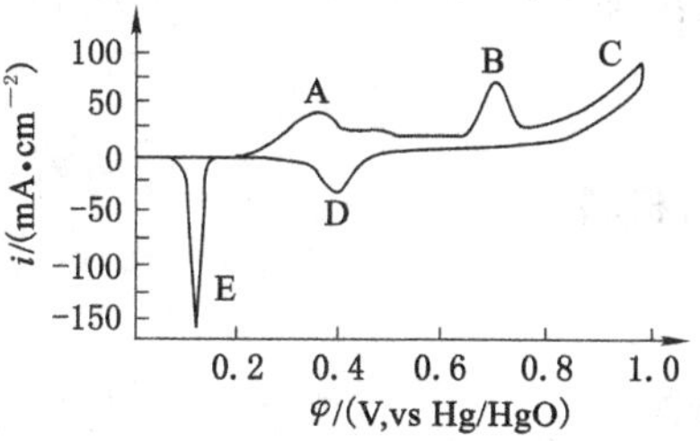

图 2-13　Ag 电极在 7 mol · L^{-1} KOH 溶液中的循环伏安曲线

因电极表面被 Ag_2O 覆盖，引起电流下降，当电位继续增加至约 0.75 V(vs Hg/HgO)，出现另一个阳极电流峰 B，电极反应为：

$$Ag_2O+2OH^- \longrightarrow 2AgO+H_2O+2e \qquad (2)$$

显然，曲线上开始出现第二个氧化峰的电势远比其平衡电势更正，说明此时反应极化很大，这是因为此时 Ag_2O 均匀地覆盖在银丝电极表面上，

而 Ag_2O 的电阻率极高($7\times10^8\ \Omega\cdot cm$)，大大增加了电极的电阻极化。但是该电流峰远较第一个氧化峰高，这是因为随着反应的进行，Ag_2O 逐渐转化成电阻率较小的 AgO($10\sim15\ \Omega\cdot cm$)，电阻极化迅速下降，极化电流迅速增大。

电位继续升高，O_2 析出。其反应方程式为：

$$4OH^- \longrightarrow 2H_2O + O_2 + 4e \qquad (3)$$

在 C 点变换电位方向，电流逐渐下降，随电位负移，先后出现阴极电流峰 D 和 E，D 峰是电极表面的 AgO 被还原成 Ag_2O，第二个阴极电流峰 E 是由 Ag_2O 还原成金属银 Ag 所引起的，即反应式(1)的逆反应。该反应式的平衡电势为 0.122 V，而曲线上开始出现该电流峰的电势为 0.10 V 左右，说明此时极化较大，这与电极表面覆盖的导电性很差的 Ag_2O 有关。但是这个电流峰很陡，达到了很高的电流峰值，这是因为随着反应的进行，Ag_2O 逐渐转化为金属 Ag，而金属 Ag 的导电性非常好，迅速改善了电极的导电性，电流迅速上升到很高的数值，成为四个电流峰中最高的电流峰。

Cl^- 离子的存在，对 AgO 还原成 Ag_2O 的波峰有抑制作用，这对提出消除锌银电池高电压坪阶($AgO \rightarrow Ag_2O$)的具体措施提供科学的依据。

本实验用三角波电位扫描方法研究 Ag 电极在 7 $mol\cdot L^{-1}$ KOH 溶液中的电化学行为以及添加不同量的 Cl^- 离子对 AgO 还原成 Ag_2O 波峰的影响。

三、仪器、试剂与材料

1. 仪器

CHI 电化学工作站。

2. 试剂与材料

KOH(分析纯)，KCl(分析纯)，蒸馏水，银丝电极 1 支(工作电极)，Hg/HgO 1 支(参比电极)，铂电极 1 支(辅助电极)，三电极电解池 1 只。

四、实验步骤

(1) 电极的处理。Ag 电极用金相砂纸打磨至光亮后，在 6 $mol\cdot L^{-1}$ 的 HNO_3 溶液中浸泡数秒钟，取出后用蒸馏水冲洗干净，装入含有 7 mol·

L^{-1} KOH 溶液的三电极电解池中，以铂电极为辅助电极，Hg/HgO 为参比电极。

(2) 打开 CHI 电化学工作站与控制微机联机，开机预热 30 min 后，绿色夹头接银丝电极，白色夹头接 Hg/HgO 电极，红色夹头接铂电极，选用“循环伏安法”，参数设定如下：Initial E “0”V，High E “1.0”V，Low E “0” V，Final E “0”V，Scan Rate “0.2”“0.1”“0.05”或“0.025”$V\cdot s^{-1}$，Initial Polarity “positive”。

(3) 使 CHI 电化学工作站置于工作状况，反复扫描 3～5 个周期以上，注意观察循环伏安图和电极表面变化是否对应。

(4) 改变扫描半周期，重复步骤(3)进行扫描并记录曲线。

(5) 取出 Ag 电极，按步骤(1)进行处理。将电解液换为含不同 Cl^- 离子浓度的电解液，扫描半周期与步骤(3)相同，按步骤(3)的方法进行扫描并记录曲线。

(6) 用游标卡尺测量 Ag 电极的直径和长度。

五、结果与讨论

(1) 根据银在氢氧化钠溶液中的循环伏安曲线，讨论体系在整个实验过程中发生的化学反应。

(2) 从不同扫描速率 υ 绘出的循环伏安曲线上，求出各峰值电位和相应的电流密度 i_p，并绘制 i_p—$\upsilon^{1/2}$ 图。

(3) 分析阴极过程所出现的各个峰，定性说明 Cl^- 离子的浓度对 AgO→Ag_2O 的影响。

六、思考题

(1) 研究 Ag 在 KOH 溶液中的电化学行为时，扫描范围为何选择在 0～1.0 V 之间？

(2) 研究 Cl^- 离子对银电极反应的影响有何实际应用？

实验8　氢超电势的测定

一、实验目的

(1) 掌握用“电极法”测定不可逆电极过程的电极电势；

(2) 通过氢超电势的测量加深理解超电势及极化曲线的概念；

(3) 学习电极过程动力学的一些实验方法。

二、实验原理

某个氢电极，当它没有通电流前，氢离子与氢分子处于平衡状态，此时的电极电势是平衡电势，用 $\varphi_{可逆}$（或 $\varphi_{平}$）表示。当有外加电流通过时，阴极上氢离子不断反应生成氢分子，因而电极电势随着电流的增大越来越偏离平衡电势，成为不可逆电极电势，用 $\varphi_{不可逆}$ 表示。在有电流通过电极时，电极电势偏离平衡电势的现象称为电极的极化。通常又把某一电流密度下的电势 $\varphi_{不可逆}$ 与 $\varphi_{平}$ 之间的差值称为超电势。由于超电势的存在，在实际电解时要使阳离子在阴极上析出，外加于阴极的电势必须比可逆电极的电势更低一些。电极上发生的一系列过程都要克服各种阻力（或势垒），消耗一定的能量。电解时电流密度越大，超电势越大，则外加电压也要增大，所消耗的能量也就愈多。

影响超电势的因素很多，如电极材料、电极的表面状态、电流密度、温度、电解质的性质、浓度及溶液中的杂质等。测定氢超电势实际上就是测定电极上不同的电流密度下所对应的不同电极电势，然后从电流与电极电势的关系就能得到一条关系曲线，即极化曲线。氢超电势与电流密度的定量关系可用塔菲尔经验公式表示：

$$\eta = a + b\ln j \tag{1}$$

式中，j 是电流密度；a、b 是常数。常数 a 是电流密度 j 等于 1 A·cm^{-2} 时的超电势值。b 的数值对于大多数的金属来说都相差不多，在常温下接近

0.05 V。如用以 10 为底的对数，则 b 为 0.116 V。公式中 a 的数值愈大，氢超电势也愈大，其不可逆程度也愈大。b 的数值可通过 η 与 $\ln j$ 的关系作图，其斜率就是 b 的数值。

氢超电势的测量装置如图 2-14 所示，测量装置由三个电极室组成。辅助电极（铂片或铂网）与被测（研究）电极组成电解池，使氢电极发生还原反应（通常辅助电极面积要求比被测电极面积大得多，以保证实验中的极化电流反映研究电极特性）。同时选择参比电极与被测电极组成测量电池（通常测量电池中流过的电流很小，以保证参比电极工作在近平衡状态）。当电流较大或溶液电阻较大时，电流通过溶液所产生的电位降不可忽略，为此需安置一鲁金毛细管。将管口尽量靠近被测电极，并使测量回路中几乎没有电流通过，如图 2-15 所示。

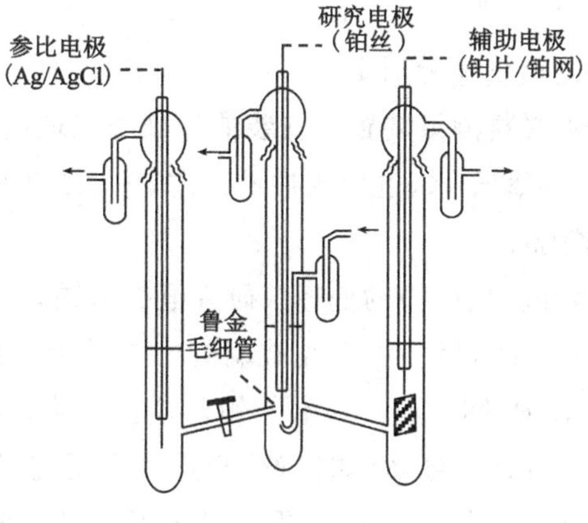

图 2-14　氢超电势测量装置示意图

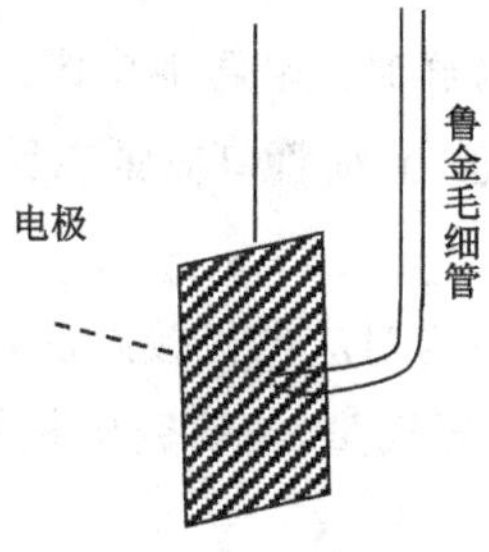

图 2-15　鲁金毛细管装置示意图

测量极化曲线有两种方法:恒流法与恒电势法。本实验采用的恒流法是在选定的一些电流密度下,测量相应的电极电势,再将一系列这样的数据绘成曲线。

三、仪器、试剂与材料

1. 仪器

恒电位仪,氢气发生器(或高纯氢气源),三电极电解池,洗瓶。

2. 试剂与材料

Ag/AgCl 电极、Pt 片或 Pt 网(辅助电极),Pt 丝或 Pt 片(工作电极),0.2 mol·L^{-1}硫酸,1 mol·L^{-1}盐酸,饱和 KCl 溶液,滤纸。

四、实验步骤

1. 铂电极上氢超电势的测定

(1) 按图 2-14 安装测量装置。安装前仔细洗涤玻璃容器,用洗液浸泡后,依次用自来水、去离子水、电导水冲洗。左、中、右边容器分别用电解液 1 mol·L^{-1}盐酸润洗。

(2) 被测电极和辅助电极的处理。研究电极为铂丝,烧结在玻璃管中,一头露出管外约 10 mm,另一头留在玻璃管中与其他导体(如铜丝)相连。辅助电极由 Pt 片或 Pt 网构成。一端与铂丝连接并烧结在玻璃管中,烧结在玻璃管中的铂丝与其他导体(如铜丝)相连。将研究(铂丝)电极浸入王水中约 5 min,取出后用自来水冲洗,再用温热 NaOH 溶液(或 NaOH/乙醇溶液)浸泡 5 min。用自来水、去离子水、电导水、电解液洗涤备用(若有条件则可在表面电镀铂黑为好)。

(3) 将 3 支电极装入电解池。电解池中灌入 1 mol·L^{-1}盐酸溶液。注意鲁金毛细管中不得有气泡,毛细管口应紧靠铂丝。各磨口用 1 mol·L^{-1}盐酸湿润。

(4) 将恒电位仪各接头与对应电极接好后,开启氢气发生器(或高纯氢气源)。调节通入电解池的氢气量,使研究电极被氢气泡所包围,并使整个研究电极室充满氢气氛。

(5) 调节恒电位仪,在恒电流条件下,使电流密度控制在 0 至 −8

mA・cm^{-2}范围内，从小到大测定 10 至 15 个电流密度下的电势。每个电流密度重复测定至 3 min 内电势变化小于 2 mV，可认为达到稳定值。

(6) 测定完毕后取出研究电极，洗净后用游标卡尺测量研究电极的铂丝长度和直径，计算电极表面积。

2. 汞电极上氢超电势的测定

(1) 测量装置略作改动，图 2-14 中间的电解池底部放置汞，铂丝插入汞中。通氢气的管口对准汞表面，鲁金毛细管管口紧靠汞表面。汞面上加 0.2 mol・L^{-1} H_2SO_4电解液。参比电极室和鲁金毛细管中加入饱和 KCl 溶液。

(2) 接好线路，调节恒电位仪。在恒电流条件下，测电流分别为−0.1、−0.2、−0.3、−0.6、−0.8、−1.0、−1.5、−2.0、−2.5、−3.0、−4.0、−5.0、−7.0、−9.0 mA 时的电势。

(3) 测定完毕后，测量电解池容器的内径。容器的横截面积即为汞电极的表面积。

五、数据处理

(1) 根据电解液中氢离子浓度，用能斯特公式计算氢电极平衡电势 E'，查得实验温度下饱和甘汞电极的电势 E_{SCE}，结合实验中各电流下测得的电池电势 E，则氢超电势 η_c 为：$\eta_c = E_{SCE} + E' - E$。

(2) 根据电极的表面积和实验电流值计算电流密度 j。

(3) 作 η_c—lg j 图，从图中直线求塔费尔公式中的经验常数 a 与 b。

六、思考题

(1) 本实验中氢超电势的测定采用了恒电位仪，可否采用其他简单的仪器做此实验？请画出电路图。

(2) 如何在实验中保证获得稳定、重复性好的实验结果？

(3) 本实验中为何采用 Ag/AgCl 作为参比电极？可否采用甘汞电极为参比？

(4) 实验中为何要求辅助电极面积大于研究电极面积？

(5) 实验中采用温热 NaOH(或 NaOH/乙醇溶液)洗涤研究电极的作用是什么？

实验9 电解氧化制备 MnO_2

一、实验目的

(1) 用电化学方法制备活性二氧化锰；

(2) 了解多种因素对阳极产物 MnO_2 的电流效率的影响。

二、实验原理

二氧化锰已作为正极活性物质大量应用在锌-二氧化锰电池、锂-二氧化锰电池的生产中。与天然二氧化锰相比，电解法制备的二氧化锰可大幅度提高锌-二氧化锰电池、锂-二氧化锰的容量，因此，电解法生成的二氧化锰又称活性二氧化锰。

电解法制造二氧化锰是在硫酸锰的硫酸溶液中进行的。目前电解二氧化锰的生产中，阳极材料主要有石墨、纯钛、钛合金和钛基涂层等 4 种。以前还用过铅或铅合金阳极材料，现在已基本被淘汰。阴极主要采用铅板或不锈钢板。电解时的阴极反应是：

$$2H^+ + 2e \longrightarrow H_2$$

而阳极过程生成二氧化锰的机制不很清楚，一种可能的阳极反应和随后发生的水解反应为：

$$Mn^{2+} \longrightarrow Mn^{4+} + 2e$$

$$Mn^{4+} + 2H_2O \longrightarrow MnO_2 + 4H^+$$

电流效率是电解、电镀生产中一项主要的经济技术指标。阴极过程或阳极过程的电流效率常用 η 表示。其定义为：

$$\eta = \frac{\text{阳极(或阴极)过程实际得到的目的产物量}(W_{\text{实}})}{\text{理论上得到的目的产物量}(W_{\text{理}})} \tag{1}$$

根据法拉第定律，1 mol Mn^{4+} 所需要的电量为 2×96 500 C。电解过程中通过电解池的电量：

$$Q=I\cdot t$$

式中，I 是电解电流，A；t 是电解时间，s。

二氧化锰的摩尔质量为 86.93 g·mol^{-1}，则 Q 电量通过阳极，理论上应得到二氧化锰的质量为：

$$W_{理} = Q\times 86.93/(2\times 96\ 500) \quad (2)$$

将式(2)代入式(1)，阳极过程生成二氧化锰的电流效率可表示为：

$$\eta = W_{实}/[Q\times 86.93/(2\times 96\ 500)]\times 100\%$$
$$= (W_{实}\times 2\times 96\ 500)/(Q\times 86.93)\times 100\%$$

以下因素影响阳极过程产物二氧化锰的电流效率，诸如：

① 阳极上氧的析出反应

$$H_2O \longrightarrow 1/2O_2 + 2H^+ + 2e$$

氧的析出反应由于生成的二氧化锰附着在阳极上而受到催化。

② 阳极生成的 Mn^{4+} 由于扩散和电迁移而在阴极上还原。

③ 阳极上生成的四价锰离子并未按上式反应完全转变而残留在溶液中。

④ 电解液的酸度减小、硫酸锰的浓度降低、电解液温度升高、阳极电流密度增加以及各种杂质特别是铁、铜等变价离子的存在都会显著降低阳极过程的电流效率。

实验研究得到电解的最适宜条件如下：

电解液的初始组成：$MnSO_4$ 300～350 g·L^{-1}。

电解液温度：20～25 ℃。

电流密度：阳极为 5 A·dm^{-2}，阴极为 10 A·dm^{-2}。

阳极与阴极之间的距离：30 mm。

三、仪器、试剂与材料

1. 仪器

直流电源(晶体管稳流器)，烘箱，离心机或循环式水浴真空泵，台秤，500 mL 电解槽。

2. 试剂与材料

铅板或钛板，硫酸锰(化学纯)，硫酸，滤纸。

四、实验步骤

(1) 配制电解液。电解液组成为 $MnSO_4$ 300 g · L^{-1}，H_2SO_4 200 g · L^{-1}。先配制硫酸溶液，然后加入适量的 $MnSO_4$ 并搅拌至完成溶解。

(2) 将 200 mL 电解液加入 500 mL 电解槽中，连接电解线路，设置好电流，经教师检查后开始电解。

(3) 恒流电解 2.5 h，每隔 20 min 记录一次电解电压。电解结束后，取出电极，用蒸馏水冲洗。（稳压电源设置：启动电源前先将电压旋钮顺时针调到最大，将电流旋钮逆时针调到最小，启动电源后顺时针调节电流旋钮至所需的电流值。）

(4) 将电解后的溶液放在烘箱内，于 80 ℃维持 3 h，使二氧化锰水解、沉淀。倾出上部溶液，抽滤沉淀并多次洗涤沉淀（所用滤纸事先称重）。将得到的二氧化锰放入烘箱，于 110 ℃干燥，称量所得到的二氧化锰。

五、数据处理

(1) 根据称量所得到的二氧化锰的质量、电解时间和电解电流，计算电解制备二氧化锰的电流效率。

(2) 绘制电解电压-电解时间曲线。

六、思考题

(1) 分析电解过程影响电解二氧化锰电流效率的主要因素。

(2) 分析电解电压随电解时间的增加而略有下降的原因。

七、直流电源（晶体管稳流器）使用方法

(1) 将稳流调节旋钮逆时针方向调至最小，稳压调节旋钮顺时针方向调至最大；

(2) 打开电源开关，接上负载；

(3) 顺时针方向旋转电流调节旋钮使输出电流与设定值相等。此时稳流工作状态红色指示灯亮起。

实验 10 电解法制备普鲁士蓝修饰电极及电化学行为测试

一、实验目的

(1) 了解什么是修饰电极;

(2) 掌握用电沉积法制备普鲁士蓝修饰电极的方法。

二、实验原理

化学修饰电极(chemically modified electrode)是由导体或半导体制作的电极,在电极表面涂敷了单分子、多分子、离子或聚合物的化合物薄膜,改变了电极界面的性质,电极呈现的性质与电极材料本身任何表面上的性质不同,通过改变电极/电解液界面的微观结构而调制成某种特性。例如,对铂电极、玻碳电极等电极进行电沉积处理,使之表面形成普鲁士蓝薄膜。

普鲁士蓝是 $Fe^{3+/2+}$ 与 $Fe(CN)_6^{3-/4-}$ 形成的混合价态难溶盐 $KFe^{III}Fe^{II}(CN)_6$。其中 Fe^{3+} 与 CN 基中 N 原子相联,呈高自旋态,Fe^{2+} 与 C 原子相联,呈低自旋态。普鲁士蓝修饰电极作为一种无机物修饰电极在电显色、电催化及光谱电化学研究等方面有重要意义。

由于普鲁士蓝具有电化学可逆性好、良好的离子嵌/脱能力、两对可逆的氧化还原电对、高度的稳定性、容易制备以及成本低廉等优点,其成为一种很有吸引力的蓄电池材料。在以普鲁士蓝分别为正、负极活性物质的对称电池的充电过程中,其中一个普鲁士蓝电极发生还原反应,生成 $K_2Fe^{II}Fe^{II}(CN)_6$[式(1)];另一个普鲁士蓝电极发生氧化反应,生成 $Fe^{III}Fe^{III}(CN)_6$[式(2)],整个电池反应见式(3)。在放电过程中发生极性反转,反应朝相反方向进行。

$$KFe^{III}Fe^{II}(CN)_6 + K^+ + e \longrightarrow K_2Fe^{II}Fe^{II}(CN)_6 \quad (1)$$

$$KFe^{III}Fe^{II}(CN)_6 - e \longrightarrow Fe^{III}Fe^{III}(CN)_6 + K^+ \quad (2)$$

$$2KFe^{III}Fe^{II}(CN)_6 \longrightarrow K_2Fe^{II}Fe^{II}(CN)_6 + Fe^{III}Fe^{III}(CN)_6 \quad (3)$$

三、仪器、试剂与材料

1. 仪器

CHI 电化学工作站。

2. 试剂与材料

0.1 mol·L^{-1}铁氰化钾，1 mol·L^{-1} KCl（pH=4，用盐酸调节），0.2 mol·L^{-1} HCl，0.01 mol·L^{-1} $Fe_2(SO_4)_3$，饱和甘汞电极，铂片电极，玻碳电极，α-Al_2O_3抛光粉（1.0 μm）。

四、实验步骤

1. 配制溶液

按表 2-5 配置溶液，并以蒸馏水定容为 10 mL。

表 2-5　溶液组成

编号	$K_3Fe(CN)_6$/mL	KCl/mL	$Fe_2(SO_4)_3$/mL	H_2O/mL
1	0.2	5	0.5	4.3
2	0.2	5	1	3.8
3	0.2	5	2	2.8
4	0.2	5	3	1.8
5	0.2	5	4	0.8

2. 制备修饰电极

（1）将玻碳电极在润湿的撒有粒度为 1.0 μm 的 α-Al_2O_3粉的抛光布上进行抛光，洗去表面的污物；

（2）以恒电位（0.5 V）分别在上述溶液中电解 5～30 min，在玻碳电极的表面电沉积成普鲁士蓝修饰膜。注意观察玻碳电极上膜颜色的变化。

3. 修饰电极的电化学行为测试

（1）电解液组成对普鲁士蓝修饰膜生成量的影响

将普鲁士蓝修饰电极在 0.6～−0.2 V 电压区间在 1 mol·L^{-1} KCl 溶液中进行循环伏安测试。膜的生成量用循环伏安曲线中还原峰下的积分电量表示。

在与步骤 2 同样的条件下用循环伏安法电解玻碳上的普鲁士蓝，并记录伏安图，对比各个溶液制得的伏安图，找出最好的峰形所对应的溶液。

(2) 普鲁士蓝修饰薄膜电池充放电测试

将上述氧化还原峰最明显的修饰电极在三电极系统中在 0～1.6 V 电压区间以 20 $\mu A \cdot cm^{-2}$进行电池充放电测试，正极和负极都用普鲁士蓝修饰电极，以 1 $mol \cdot L^{-1}$ KCl 溶液作电解质。循环测试 10 周。

五、数据处理

(1) 绘制不同电解时间下所得的普鲁士蓝修饰电极在 0.6～－0.2 V 电压区间的循环伏安曲线以及膜的生成量与电解时间的关系曲线。

(2) 绘制电池的充放电曲线和循环性能曲线。

六、思考题

(1) 引起普鲁士蓝修饰薄膜电池循环稳定性不理想的因素有哪些?

(2) 如何根据循环伏安曲线判断一个电极反应的可逆性?

实验 11　阴极电流效率的测定

一、实验目的

(1) 学会用铜库仑计测定电流效率的方法；

(2) 掌握测定阴极电流效率的原理。

二、实验原理

电解第一定律指出，电解时在电极上发生反应的物质的量与通过的电量成正比。之后，人们又通过实验归纳出，在给定电量下，特定电极反应产生的某物质的质量与 M/z 成正比，其中 M 为该物质的摩尔质量，z 为该电极反应电子计量数。

实验表明，析出或消耗 M/z 摩尔质量的物质约需通过 96 486.7 C 的电量，此电量称为法拉第常数，以 F 表示，即为 1 mol(阿伏伽德罗常数)电子的电量。

$$F=Le=(6.023\times10^{23}\ \text{mol}^{-1})\times(1.602\times10^{-19}\ \text{C})\approx96\ 487\ \text{C}\cdot\text{mol}^{-1}$$

如果通过的电量为 Q，则电极上电析出或电氧化溶解某物质的质量为：

$$m_0=\frac{Q}{F}\cdot\frac{M}{z}=\frac{I\cdot t}{F}\cdot\frac{M}{z} \tag{1}$$

或更为简洁地表示为：

$$Q=nzF \tag{2}$$

式中　I——电流强度；

t——通电时间，s 或 h；

n——某物质在电极上消耗或产生的物质的量。

在实际的电解过程中，由于电极反应中除主反应外，还产生一些副反应，阴极析出物质的总量总是比理论的要低一些，实际析出物质的重量与理论计算的重量之比称为电流效率，常用百分数表示。

$$\eta_{current}=\frac{实际量}{理论量}\times 100\%=\frac{m'}{m_0}\times 100\% \tag{3}$$

式中 m'——实际析出量；

m_0——理论析出量。

将式(1)代入式(3)中，得：

$$\eta_{current}=\frac{m'\times F}{I\times t}\times\frac{z}{M}\times 100\% \tag{4}$$

应用以上原理，我们可以通过测量电量与阴极析出的物量来测定电镀工艺中的电流效率。测量电量通常用铜库仑计，也可用银库仑。

铜库仑计是一个铜电解槽，它的电流效率在一定条件下可以认为是100%，将此铜库仑计串联接入被研究的电解槽。从铜库仑计阴极析出铜的重量，可求出通入的电量。于是可由式(4)求出被研究电解槽的电流效率。

如以 m_{Cu} 表示铜库仑计中铜的重量，铜的摩尔质量 63.55 $g\cdot mol^{-1}$，有：

$$I\cdot t=\frac{m_{Cu}\cdot F}{\frac{M}{z}}=\frac{m_{Cu}\cdot F}{\frac{63.55}{2}}=\frac{m_{Cu}\cdot F}{31.775}$$

代入式(4)中有：

$$\eta_{current}=\frac{m'\times 31.775}{m_{Cu}}\times\frac{z}{M}\times 100\% \tag{5}$$

电镀槽的阴极电流效率与电解液的组成、阴极电流密度、电解液的温度、阴极移动等都有密切关系。电流效率是电镀工艺中的一个重要参数，它不但决定了电能消耗、沉积时间、生产效率等，而且通过电流效率的测定还可以使我们了解阴极上进行电极反应的情况。

三、仪器、试剂与材料

1. 仪器与材料

电源，电解槽，电子天平，吹风机，干燥器，锌板，铜板，铜片。

2. 铜库仑计溶液配方

硫酸铜(分析纯) 125 $g\cdot L^{-1}$+硫酸 (密度 1.84 $g\cdot cm^{-3}$) 25 $mL\cdot L^{-1}$+乙醇 50 $mL\cdot L^{-1}$。

3. 酸性镀锌液配方

氯化铵 200～250 g·L^{-1}＋氨三乙酸 20～30 g·L^{-1}＋氯化锌 50～60 g·L^{-1}＋醋酸钠 30～50 g·L^{-1}＋硫脲 1～1.5 g·L^{-1}＋聚乙二醇 1～1.5 g·L^{-1}＋洗涤剂 0.1～0.5 mL·L^{-1}。

四、实验步骤

(1) 配制镀锌液。

① 将占镀锌液体积 1/2～2/3 的蒸馏水，加热至 50～60 ℃(不宜超过 65 ℃)，按量称取氯化铵加入水中使其溶解。

② 边搅拌边加入所需量的氯化锌。

③ 加入醋酸钠所需量。

④ 加入氨三乙酸所需量，并不断搅拌使其溶解。如发现氨三乙酸不能全溶时，可加入浓氢氧化钠溶液使其全溶。

⑤ 加入所需量的硫脲、聚乙二醇、洗涤剂。

⑥ 加水到规定体积，充分搅拌。

⑦ 用醋酸和氢氧化钠调 pH 值至 5.4～6.2。

(2) 计算电流强度。

测量电镀槽所用阴极的面积，根据规定的电流密度计算出所需的电流强度。

铜库仑计阴极电流密度为 0.1～1 A·dm^{-2}。

镀锌槽阴极电流密度为 0.8～15 A·dm^{-2}。

(3) 电极处理。

镀锌槽的两个阳极是锌板，阴极是纯铜片。铜库仑计的两个阳极是纯铜板，阴极是纯铜片。锌板用去污粉擦洗除油、自来水冲洗后，浸泡在蒸馏水中。铜片及铜板在 HNO_3 溶液中处理后，迅速用自来水和蒸馏水清洗，用滤纸吸水，吹干，放入干燥器中。

(4) 称量两片阴极重量，并记录数据。

(5) 把镀锌槽与铜库仑计按图 2-16 所示接好线路。

(6) 分别将铜库仑计与镀锌槽所用溶液放入两个电解槽中。

(7) 接通电源。电极带电入槽，并调节电流使其在规定的电流密度下进行电解。

(8) 在 15～30 ℃下电解 20 min(或 30 min)后带电将两个阴极同时取出，分别用自来水和蒸馏水冲洗，再用滤纸吸水，吹干，然后在天平上称量两片阴极重量，测量结果记录表中。

(9) 计算电流效率。

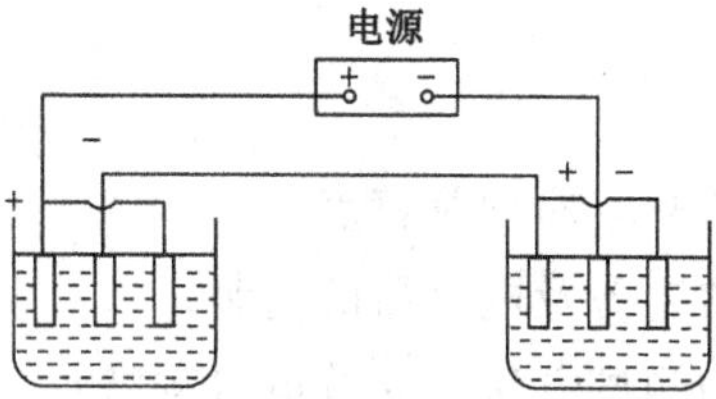

图 2-16 测量电流效率的线路图

五、数据处理

(1) 记录槽液组成及电流密度。

(2) 记录实验数据于表 2-6。

表 2-6 实验数据表

序号	电解槽	电极重量		金属增重	电流效率
		电解前	电解后		
1	镀锌槽				
2	铜库仑计				

六、思考题

(1) 影响电镀槽的阴极电流效率的因素有哪些？

(2) 锌电极和铜电极电解前为什么需除油或浸酸处理？

实验12　MnO_2电容器的组装及性能测试

一、实验目的

(1) 掌握电容器的基本原理及特点；
(2) 掌握电极片的制备及电容器的组装；
(3) 掌握电容器的测试方法及充放电过程特点。

二、实验原理

1. 电容器的分类

电容器是一种电荷存储器件，按其储存电荷的原理可分为三种：传统静电电容器、双电层电容器和法拉第准电容器。

传统静电电容器主要是通过电介质的极化来储存电荷，其载流子为电子。双电层电容器和法拉第准电容器储存电荷主要是通过电解质离子在电极/溶液界面的聚集或发生氧化还原反应，它们具有比传统静电电容器大得多的比电容量，载流子为电子和离子，因此它们两者都被称为超级电容器，也称为电化学电容器。

2. 双电层电容器

双电层电容器的基本构成如图 2-17 所示，它由一对可极化电极和电解液组成。双电层由一对理想极化电极组成，即在所施加的电位范围内并不产生法拉第反应，所有聚集的电荷均用来在电极的溶液界面建立双电层。

这里极化过程包括两种：电荷传递极化和欧姆电阻极化。

当在两个电极上施加电场后，溶液中的阴、阳离子分别向正、负电极迁移，在电极表面形成双电层；撤消电场后，电极上的正负电荷与溶液中的相反电荷离子相吸引而使双电层稳定，在正负极间产生相对稳定的电位差。当将两极与外电路连通时，电极上的电荷迁移从而在外电路中产生电流，电极中的离子迁移到溶液中成电中性，这便是双电层电容的充放电原理。

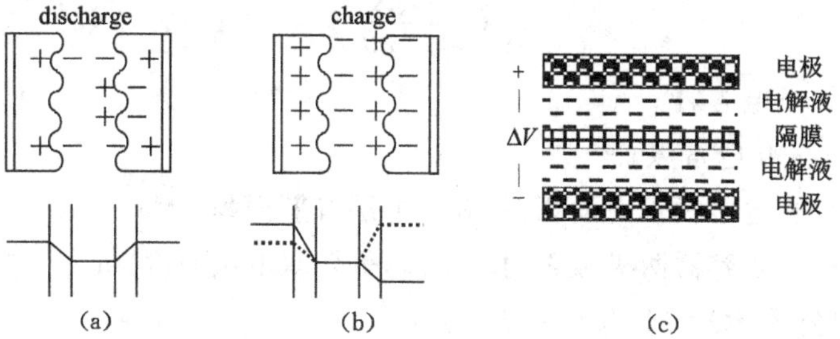

图 2-17　双电层电容器工作原理及结构示意图

(a) 非充电状态下的电位；(b) 充电状态下的电位；(c) 超级电容器的内部结构

3. 法拉第准电容器

对于法拉第准电容器而言，其储存电荷的过程不仅包括双电层上的存储，还包括电解液中离子在电极活性物质中由于氧化还原反应而将电荷储存于电极中。对于其双电层电容器中的电荷存储与上述类似。对于化学吸脱附机理来说，一般过程为：电解液中的离子（一般为 H^+ 或 OH^-）在外加电场的作用下由溶液中扩散到电极/溶液界面，而后通过界面的电化学反应进入到电极表面活性氧化物的体相中：

$$MO_x + H^+(OH^-) + (-)e^- \longrightarrow MO(OH) \quad (1)$$

由于电极材料采用的是具有较大比表面积的氧化物，这样就会有相当多的这样的电化学反应发生，大量的电荷就被存储在电极中。根据式(1)，放电时这些进入氧化物中的离子又会重新返回到电解液中，同时所存储的电荷通过外电路而释放出来，这就是法拉第准电容器的充放电机理。

在电活性物质中，随着存在法拉第电荷传递化学变化的电化学过程的进行，极化电极上发生欠电位沉积或发生氧化还原反应，充放电行为类似于电容器，而不同于二次电池。不同之处为：

(1) 极化电极上的电压与电量几乎呈线性关系；

(2) 当电压与时间呈线性关系时，电容器的充放电电流为恒定值。

$$I = dv/dt = Ck \quad (2)$$

4. 电容量及等效串连内阻的计算

对于超级电容器的双电层电容可以用平板电容器模型进行理想等效处理。根据平板电容模型，电容量计算公式为：

$$C=\frac{\varepsilon S}{4\pi d} \tag{3}$$

式中 C——电容，F；

ε——介电常数；

S——电极板正对面积，等效双电层有效面积，m^2；

d——电容器两极板之间的距离，等效双电层厚度，m。

利用公式 $dQ=i dt$ 和 $C=Q/\varphi$ 得：

$$i=\frac{dQ}{dt}=C\frac{d\varphi}{dt} \tag{4}$$

式中 i——电流，A；

dQ——电量微分，C；

dt——时间微分，s；

$d\varphi$——电位的微分，V。

采用恒流充放电测试时，对于超级电容，根据公式(4)可知，如果电容量 C 为恒定值，那么 $d\varphi/dt$ 将会是一个常数，即电位随时间是线性变化的关系。也就是说，理想电容器的恒流充放电曲线是一个直线，如图 2-18(a)所示。

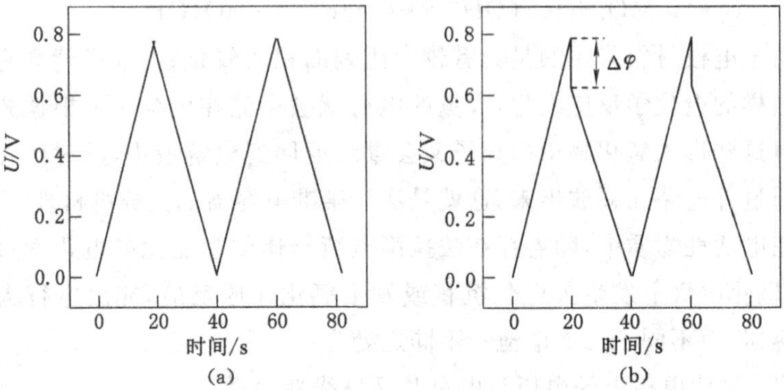

图 2-18 恒流充放电曲线

(a) 理想充放电曲线；(b) 实际充放电曲线

可以利用恒流充放电曲线来计算电极活性物质的比容量：

$$C_m = \frac{it_d}{m \cdot \Delta V} \tag{5}$$

式中　t_d——充/放电时间，s；

ΔV——充/放电电压升高/降低平均值，可以利用充放电曲线进行积分计算而得到：

$$\Delta V = \frac{1}{t_2 - t_1}\int_1^2 V\mathrm{d}t \tag{6}$$

在实际求比电容量时，为了方便计算，常采用 t_2 和 t_1 时的电压差值，即

$$\Delta V = V_2 - V_1 \tag{7}$$

对于单电极比容量，式(5)中的 m 为单电极上活性物质的质量。若计算的是电容器的比容量，m 则为两个电极上活性物质质量的总和。

在实际情况中，由于电容器存在一定的内阻，充放电转换的瞬间会有一个电位的突变 $\Delta\varphi$，如图 2-18(b)所示。

利用这一突变可计算电极或者电容器的等效串联电阻：

$$R = \Delta\varphi/2i \tag{8}$$

式中　R——等效串联电阻，Ω；

i——充放电电流，A；

$\Delta\varphi$——电位突变的值，V。

等效串联电阻是影响电容器功率特性最直接的因素之一，也是评价电容器大电流充放电性能的一个直接指标。

三、仪器、试剂与材料

1. 仪器

电子天平，真空干燥箱，Newware 电池测试系统，压片机，扣式电池液压封口机，剪刀。

2. 试剂与材料

实验 9 制备的二氧化锰，硫酸钠，泡沫镍，乙炔黑，黏结剂(聚偏氟乙烯，PVDF)，N-甲基-2-吡咯烷酮(NMP)，隔膜，去离子水，扣式电池壳。

四、实验内容与实验步骤

1. MnO_2 电容器电极片的制备

制备工艺流程如图 2-19 所示。

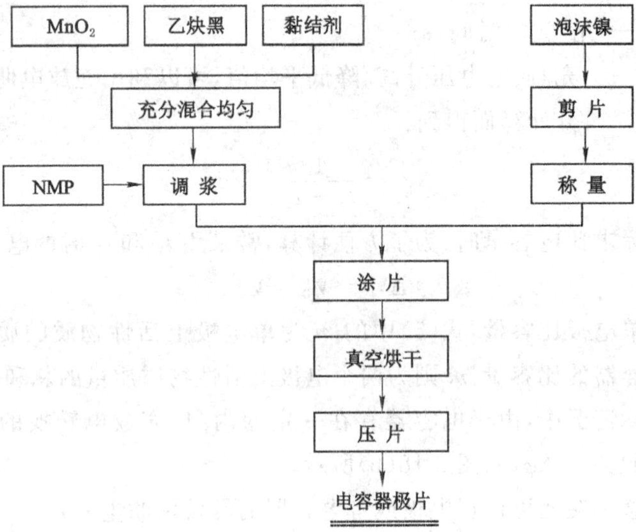

图 2-19　电化学电容器极片的制备流程

按 75∶15∶10(wt%)称取二氧化锰、乙炔黑和黏结剂(PVDF),加入适量 NMP,调成浆状。将浆料均匀涂敷于 Φ 为 10 mm 的泡沫镍上(已称重)。真空 120 ℃干燥 4 h、压片、称重,计算活性物质的质量(m,单位 mg),活性物质量控制在 4～8 mg 之间。

2. 扣式超级电容器的组装

将步骤 1 中制备好的电极片作为电容器的正负极(相同);正负极之间用 2 片隔膜隔离;电解液为 0.5 mol・L^{-1}的 Na_2SO_4溶液;在电极片与电容器外壳之间垫一层泡沫镍,使得电极片与外壳接触良好。用液压封口机把扣式壳封好。

3. 电化学性能检测

把组装好的扣式超级电容器连接到电池测试系统上;测试在室温下进行;采用恒电流充放电的方式,设定充放电电流为$\frac{m_+ + m_-}{2}$(mA),m_+、m_-为正、负极活性物质质量(mg),充放电电压区间为 0～1 V,循环次数设为 100 次。

五、实验结果分析

计算电容器的比电容量及内阻。

六、思考题

(1) 超级电容器与传统电容器主要有哪些区别？

(2) 影响超级电容器性能的主要因素有哪些？

(3) 如何降低超级电容器的内阻？

实验 13　方形镍氢电池的制备与性能表征

一、实验目的

(1) 通过方形镍氢电池的制备，了解化学电源的工作原理和制备方法；

(2) 通过电池性能的测试，掌握表征电池性能的实验技术。

二、实验原理

镍氢电池的正极活性物质为具有 P 型半导体性质的 β-$Ni(OH)_2$，负极为贮氢合金，正负电极用隔膜分开，根据不同使用条件的要求，采用 KOH 并加入 LiOH 或 NaOH 的电解液。电池充电时，正极中 β-$Ni(OH)_2$被氧化为 β-NiOOH，而负极则通过电解水生成金属氢化物，从而实现对电能的存储。放电时，正极中的 β-NiOOH 被还原为 β-$Ni(OH)_2$，负极中的氢被氧化为水，同时在这个反应过程中向外电路释放出电量。充放电过程中，镍氢电池正负电极上发生的反应如下：

正极：　$\beta\text{-NiOO} + H_2O + e \underset{\text{charge}}{\overset{\text{discharge}}{\rightleftharpoons}} \beta\text{-Ni(OH)}_2 + OH^-$

负极：　$MH + OH^- \underset{\text{charge}}{\overset{\text{discharge}}{\rightleftharpoons}} H_2O + M + e$

电池反应：$\beta\text{-NiOOH} + MH \underset{\text{charge}}{\overset{\text{discharge}}{\rightleftharpoons}} \beta\text{-Ni(OH)}_2 + M$

需要指出的是，实用的镍氢电池一般要求是准密闭的反应体系，但在充电过程中正负电极上不可避免地会发生副反应生成氧气和氢气，因此如何消除这些气体关系到电池的密封问题。这可以通过优化电池设计得到解决，主要采用正极限制电池容量和电解液加入量的方法，同时优化正负极板工艺和电池组装结构等。其中，电解液的加入量宜使电池处于一定的贫液状态，这主要是为了正极析出的气体能够迁移到负极表面被反应掉，以利于实现氧在电池内部的循环和负极尽量不析出氢气。把正负电极的容量之比一般控制在 1∶1.3～1∶1.4 之间，这样电池在充电末期和过充电时，正极析出的氧气可以通过隔膜扩散到负极表面与氢复合还原为 H_2O，负极则因有较多的剩余容量而不容易析出氢气，从而保证电池具有合适的充电内压和电解液损耗率，最终保证电池的长循环寿命。

根据法拉第定律，正极活性物质的理论用量为

$$m_o = MC/(26.8 \times n) \tag{1}$$

式中　M——摩尔质量；

n——电极反应过程中得失电子数；

C——所设计电池容量，A·h。

实际过程中要考虑利用率等因素，比计算值多 10%～20%。负极活性物质用量应考虑电池充电后期产生过量气体的影响，必须过量 20%～50%。

根据充放电时正负极的反应不难看出，影响电池性能的因素是很多的，其中正负电极活性物质在反应过程中的稳定性能和反应活性，以及影响活性物质充分发挥作用的其他因素，包括制备电极时的辅助添加剂和黏结剂，组装电池时所使用的电解液、隔膜和密封材料等，都对电池的性能具有很大的影响。

电池的设计不仅应考虑电池的性能，还应在结构上给予充分考虑。所谓性能设计是指电压、容量和寿命的设计，而结构设计是指极板、单体电池壳、隔膜、电解液和其他结构件的设计。根据所需电池的要求，确定电池的性能和结构最合理的设计方案。

三、仪器、试剂与材料

1. 仪器

电极压片机，塑料薄膜封口机，电池测试系统，电子天平，烘箱，粉末压片机，剪刀。

2. 试剂与材料

球形 $Ni(OH)_2$（理论质量比容量 220 mAh·g^{-1}），贮氢合金（理论质量比容量 230 mAh·g^{-1}），镍粉，聚偏氟乙烯黏结剂（PVDF），*N*-甲基-2-吡咯烷酮（NMP），8 mol·L^{-1} KOH 混合溶液（98%KOH＋2%LiOH），隔膜

纸，泡沫镍，塑料板（如废弃的塑料试剂瓶，电池壳材料），滤纸，蒸馏水，刮刀，25×25 称量瓶，钳子，塑料薄膜封口机或电烙铁，剪刀。

四、实验步骤

根据电池的外壳尺寸和对性能的要求，确定正负极板和隔膜的尺寸以及活性物质的装填量，然后制备正负极板、裁制隔膜并配制电解液，再把正负极片与隔膜折叠在一起放入电池壳中，加入适量的电解液后封口，最后把电池化成后检测性能。具体步骤如下：

1. 正负极板和隔膜的裁剪

(1) 裁剪正负极泡沫镍，正极片约 1.4 cm×1.1 cm，负极片 1.6 cm×1.3 cm，均带一个约 0.4 cm×3 cm 的极耳。称量泡沫镍的质量，记录数据。

(2) 再根据泡沫镍尺寸的大小，剪出比泡沫镍尺寸略大的隔膜（如 2.4 cm×1.6 cm）。

2. 正负极片的制备

(1) 正极片的制备方法

球形氢氧化镍、镍粉、PVDP 按质量分数的比例 80∶10∶10 计算所需的质量。如配置含 0.300 0 g $Ni(OH)_2$ 的浆料，即称取 0.300 0 g $Ni(OH)_2$ 粉末、0.037 5 g 的 Ni 粉添加剂和 0.037 5 g PVDF，再加入适量的 NMP 调制成浆。如果浆料太稀，将浆料干燥浓缩。然后将浆料均匀涂覆在正极泡沫镍的一个面上。

(2) 负极片的制备

按贮氢合金粉 90%、镍粉 3%、PVDF7% 的比例计算所需的质量。如称取 0.4 g 贮氢合金粉、0.013 g 镍粉和 0.03 g PVDF，再加入适量的 NMP 调制成浆。如果浆料太稀，将浆料干燥浓缩。然后均匀涂覆在负极泡沫镍的一个面上。

(3) 干燥

把制备好的极片做好编号，置于烧杯中，于真空干燥箱中约 115 ℃干燥 4 h 后，取出用滤纸包住并用压片机进行压片，称量，减去泡沫镍的质量，计算得到正负极的放电比容量。

3. 电池壳的制备

将塑料薄膜洗净、干燥后，用剪刀裁剪成约 4 cm×4.5 cm 的小块塑料薄膜，共 2 片。

4. 电池组装

在正、负极片中间加入隔膜，整理好夹在两片塑料薄膜中间，然后用塑料薄膜封口机依次将叠在一块的 2 片塑料薄膜的 3 个边粘连起来，做成一个盒子，余下一个伸出电极极耳的边不封口。加入电解液，需注意正极和负极的极耳需露出电池盒，然后用封口机封口。

须注意：正、负极的极耳要交错分开，不能在同一边；组装电池过程中正、负极的位置不能移动。

5. 电池性能测试

采用恒电流法测试电池的放电比容量。具体步骤为：先将制好的模拟电池静置 12 h，让电解液充分浸润，然后将模拟电池连接到电池测试系统进行充放电和循环性能测试。

充放电制度设置如下：先以理论容量的 0.1 倍即 0.1 C 倍率对模拟电池进行三次活化，其充电时间依次为 8 h、10 h 和 12 h，放电截止电压分别为 0.6 V、0.8 V 和 1.0 V。活化完成后即对模拟电池以 0.2 C 倍率充电 7.5 h，再以 0.2 C 倍率放电至 1.0 V(vs. 贮氢电极)，每次充放电之间静置 10 min，设置循环次数为 10 次。

五、数据处理

(1) 电池测试数据记于表 2-7。根据测试结果计算电池在 0.2 C 倍率下的放电比容量。

(2) 根据放电比容量分别计算正、负极活性物质在 0.2 C 倍率充放电制度下的利用率。

(3) 绘制 0.2 C 倍率下的电池充放电曲线。

表 2-7　电池有关数据

极板	泡沫镍质量/g	极片总质量/g	活性物质质量/g	电池理论容量/mA·h	正负极容量比	开路电压/V
正极						
负极						

六、思考题

(1) 怎样计算电池的质量比容量?

(2) 制备密封镍氢电池需要注意哪些方面?

实验 14　R20S 锌锰干电池放电曲线的测量

一、实验目的

(1) 掌握干电池的工作原理；

(2) 掌握测量干电池放电曲线的方法；

(3) 了解锌锰干电池的恢复特性。

二、实验原理

$$(-)\ Zn|NH_4Cl,ZnCl_2|MnO_2(+)$$

负极：　$Zn+2NH_4Cl-2e \longrightarrow Zn(NH_3)_2Cl_2\downarrow+2H^+$

正极：　$2MnO_2+2H^++2e \longrightarrow 2MnOOH$

电池反应：$Zn+2MnO_2+2NH_4Cl \longrightarrow 2MnOOH+Zn(NH_3)_2Cl_2\downarrow$

其正极活性物质是天然 MnO_2(含量 70%～75%)，电池隔膜是淀粉浆糊隔离层，电解液是 NH_4Cl 与 $ZnCl_2$ 的水溶液，负极是锌筒。这种类型的电池称“糊式锌锰电池”。因为电解液是不流动的，故又称为干电池，也叫作 NH_4Cl 型电池：电解液以 NH_4Cl 为主，含有少量的 $ZnCl_2$。

锌锰干电池的容量是在指定放电电阻(39 Ω)情况下，以 0.9 V 作为终止电压，视放电时间长短来评价的。它除了用连续放电方式外，还可用每天放电半小时的方式进行考核，即间歇放电方式。

三、仪器、试剂与材料

1. 仪器

电池测试系统，电烙铁。

2. 材料

R20S 锌锰干电池，饱和甘汞电极，导线。

四、实验步骤

在 R20S 锌锰干电池的上盖开一小洞，插入饱和甘汞电极做参比电极。将电池正极、负极和参比电极和电池测试系统的相关接线夹连接好。测试前，先测量电池开路电压。放电测试时需选用开路电压接近额定电压的电池。

1. 恒流连续放电

放电电流设为 300 mA，终止电压设为 0.9 V。分别记录电池放电电压曲线、正极电位放电曲线、负极放电电位曲线。

2. 恒流间歇放电

放电电流设为 300 mA，终止电压设为 0.9 V，每次放电时间设为 30 min，两次放电之间的休息时间设为 90 min。分别记录电池放电电压曲线、正极电位放电曲线、负极放电电位曲线。

3. 恒阻连续放电

负载电阻设为 39 Ω，终止电压设为 0.9 V。分别记录电池放电电压曲线、正极电位放电曲线、负极放电电位曲线。

五、数据处理

分别绘制电池在各放电制度下的放电电压曲线、正极电位放电曲线和负极放电电位曲线。

六、思考题

(1) 电池的放电有哪些放电方式？

(2) 锌锰干电池为什么具有恢复特性？

实验 15　铅酸电池及其电极充放电曲线的测定

一、实验目的

(1) 测定常温下铅酸电池的充放电曲线；

(2) 掌握在电池放电情况下测定单电极电势的方法；

(3) 分析铅酸电池单电极放电曲线，了解其正负极电势下降的特点，进而讨论引起铅蓄电池失效的原因。

二、实验原理

1. 铅酸电池的工作原理

铅酸电池是一种二次电池，其负极为海绵状铅，正极为二氧化铅，隔板为微孔塑料板、橡胶板、聚丙烯板、聚乙烯板和超细玻璃纤维板，电解液为稀硫酸，其电池结构为

$$Pb|H_2SO_4(\text{溶液})|PbO_2$$

当电池充放电时，正、负极分别发生下列电化学过程：

负极：$$Pb + HSO_4^- + 2e \underset{\text{charge}}{\overset{\text{discharge}}{\rightleftharpoons}} PbSO_4 + H^+$$

正极：$$PbO_2 + 3H^+ + HSO_4^- \underset{\text{charge}}{\overset{\text{discharge}}{\rightleftharpoons}} PbSO_4 + 2H_2O$$

电池反应：$$Pb + PbO_2 + 2H_2SO_4 \underset{\text{charge}}{\overset{\text{discharge}}{\rightleftharpoons}} 2PbSO_4 + 2H_2O$$

电池电动势为：

$$E = \varphi^{\ominus}(PbO_2/PbSO_4) - \varphi^{\ominus}(PbSO_4/Pb) + \frac{RT}{F}\ln\frac{a(H_2SO_4)}{a(H_2O)} \quad (1)$$

由式(1) 可以看出电池电动势随充电时 H_2SO_4 浓度的增大而升高，放电时随 H_2SO_4 浓度变稀而降低。

铅酸电池实际充、放电过程中两极间的电势差值常和上式算出的不一

致，这主要是因为电极反应过程中有极化现象存在，这种极化来自电极表面电荷的积累、浓度的变化以及电极或溶液内阻等多方面因素。在低温时，这种极化现象表现得尤为显著。

2. 电池的充放电曲线

在给定充电或放电条件下（恒流或恒阻），所测得的电池充电（或放电）电压随充电时间或充电容量（或放电时间、容量）的变化称为电池的充电（或放电）曲线。若所测得的充电（或放电）曲线是单电极电势相对于某一参比电极变化，则称此种曲线为单电极的充电（或放电）曲线。

通过观察充电过程中正极板和负极板的气体析出情况，可以初步判断，引起铅酸电池过早失效的原因是负极活性物质匹配不足。电池单电极放电性能的测试将为铅酸电池容量的合理设计及失效原因的分析提供一种最基本最简单而又适用的实验手段。由此可见，本实验对生产实际中改进铅酸电池的设计和提高铅酸电池的性能具有重要的实际意义。同时，本实验的原理及测试技术也可推广使用于其他二次电池，例如：镍镉电池和银锌电池的充放电曲线的测量。此外，本实验对于培养学生合理使用参比电极、正确测量实际体系的电极电势及分析解决实际问题的能力也十分必要。

三、仪器、试剂与材料

1. 仪器

电池测试系统。

2. 试剂与材料

4.5 $mol \cdot L^{-1}$ H_2SO_4溶液，2 A·h 铅酸电池塑料外壳 1 只，容量为 1 A·h正极板 1 块，容量为 1 A·h 负极板 1 块，铅酸电池用塑料隔板 1 块，$Hg\text{-}Hg_2SO_4$参比电极两支。

四、实验步骤

(1) 将铅酸电池的正、负极板装入矩形塑料电池槽中，中间插入电池隔板，随后注入 4.5 $mol \cdot L^{-1}$ H_2SO_4溶液，至淹没极板为止。

(2) 将铅酸电池与电池测试系统的相关接线夹连接好，选择恒流充放电模式。

(3) 调节电池测试系统的给定电流值，设定充电电压上限为 2.8 V，将充电电流设置为 0.5 A，即可记录出电池的恒电流曲线。当充电电压出现突变时，观察正极板和负极板的气体析出情况。此时电压约为 2.7 V 或略高些，这标志着充电已到终点。关掉充电电流。

(4) 选择电池测试系统的中“搁置”步骤，记下电池开路时的初始电压值后停止。

(5) 调节电池测试系统的给定电流值，将放电电流设置为 0.8 A，电压下限设置为 1.5 V。此时，可记录到电池的放电曲线。

(6) 重复步骤(3)和(5)的操作，从而分别测得放电时正、负极相对 $Hg\text{-}Hg_2SO_4$ 参比电极的单电极电势曲线。

五、数据处理

(1) 绘制电池在常温下的充、放电曲线及单电极电势曲线，分别标出各曲线相应的充电和放电容量。

(2) 根据得到的数据，讨论铅酸电池室温条件下电池失效的原因。

六、思考题

(1) 本实验在测量单电极电势变化时，选用了 $Hg\text{-}Hg_2SO_4$ 电极作为参比电极。能否使用标准氢电极、甘汞电极、汞-氧化汞电极、银-氯化银电极或其他类型的参比电极？

(2) 铅酸电池的设计为什么需遵循负极容量过剩的原则？

实验 16　氢氧燃料电池的输出特性测量

一、实验目的

(1) 了解燃料电池的基本工作原理和特点；
(2) 熟悉燃料电池输出特性以及影响其性能的主要因素；
(3) 掌握化学电源基本性能的测试方法。

二、实验原理

燃料电池是一种能量转换装置。它可以按电化学原理，等温地把储存在燃料和氧化剂中的化学能直接转化为电能。如图 2-20 所示，对于质子交换膜氢氧燃料电池，在其阳极(负极)上，氢气发生氧化反应，失去电子变成氢离子：

$$H_2 \longrightarrow 2H^+ + 2e \tag{1}$$

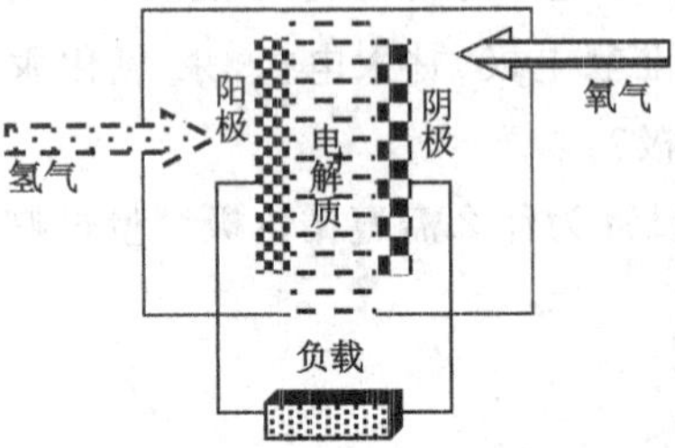

图 2-20　燃料电池工作原理示意图

在阴极(正极)上，氧气发生还原反应，得到电子，并与氢离子结合生成水：

$$\frac{1}{2}O_2 + 2H^+ + 2e^- \longrightarrow H_2O \tag{2}$$

燃料电池的总反应为：

$$H_2+\frac{1}{2}O_2 \longrightarrow H_2O \tag{3}$$

值得注意的是，氢气和氧气通过燃料电池所发生的反应，与常规的氢气在氧气中发生的直接氧化（例如燃烧）反应的过程大不一样。在燃料电池中氢气与氧气并不直接接触，反应必须通过阴极、阳极以及二者之间的电解质进行。在反应的过程中，在阳极由氢释放的电子会通过外电路负载流到阴极；氢离子则通过具有氢离子（质子）导电性的聚合物薄膜（质子交换膜）扩散到阴极。

燃料电池与常规的化学电池（例如锰锌干电池、铅酸电池、锂离子电池等）不同，它的燃料（例如氢气）和氧化剂（例如氧气）并不储存在电极中，而是储存在电池以外的储罐中，在其工作期间，需要不断向电池中输入燃料和氧化剂，同时排放反应产物。因此，从工作方式上看，燃料电池更像常规的汽油或柴油发电机。

燃料电池有很多种。最常用的分类方法是按照电池所采用的电解质进行分类，可以分为：① 碱性燃料电池，一般以氢氧化钾为电解质；② 磷酸型燃料电池，以浓磷酸为电解质；③ 质子交换膜燃料电池，以全氟或部分氟化的磺酸型质子交换膜为电解质；④ 熔融碳酸盐燃料电池，以熔融状态的锂-钾碳酸盐或锂-钠碳酸盐为电解质；⑤ 固体氧化物燃料电池，以稳定氧化锆等固体氧化物离子导体作为电解质。

燃料电池的电动势 E 由燃料氧化反应的吉布斯自由能变化量 ΔG 决定：

$$E=-\frac{\Delta G}{nF} \tag{4}$$

式中　n——反应转移的电子数；

　　　F——法拉第常数。

燃料电池的理论效率定义为吉布斯自由能变化量与反应的焓变的比值：

$$\eta=\frac{\Delta G}{\Delta H}=1-T\frac{\Delta S}{\Delta H} \tag{5}$$

对于有多种气体参与的燃料电池电化学反应，电池的电动势由 Nernst 方程决定：

$$E = E^{\ominus} - \frac{RT}{nF}\sum_i \nu_i \ln p_i \tag{6}$$

式中，$E^{\ominus} = \frac{RT}{nF}\ln K$ 称为电池标准电动势，它仅为温度的函数，而与反应物浓度、压力等因素无关；p_i是参与反应的气体分压；ν_i是反应的计量系数，对反应物取负值，对产物取正值。

当燃料电池实际运行并输出电能时，输出的电量与燃料和氧化剂的消耗服从法拉第定律，即燃料与氧化剂在电池内的消耗量 Δm 与电池输出的电量 Q 成正比：

$$\Delta m = k_e \cdot Q = k_e \cdot I \cdot t \tag{7}$$

在燃料电池放电时，电池的电压会从电流密度为 0 的静态电势 E_s（开路电压，但不一定等于电动势）下降为实际的路端电压 U，其值是电化学反应速度（电流密度 $j = I/A$）的函数。开路电压 E_s与放电时的路端电压 U 的差值（$E_s - U = \eta$），称为极化超电势，这种电极电位偏离平衡态值的现象称为电极的极化。燃料电池中的极化主要有三种类型：① 电化学活化极化；② 欧姆极化；③ 浓差极化。其中，电化学活化极化超电势与电流密度之间近似服从 Tafel 关系：

$$\eta_{act} = a + b\ln j \tag{8}$$

欧姆极化超电势与电流密度之间服从欧姆定律：

$$\eta_{ohm} = R \cdot j \tag{9}$$

而浓差极化超电势（也称扩散超电势）与电流密度满足方程：

$$\eta_d = \frac{RT}{nF}\ln\left(1 - \frac{j}{j_d}\right) \tag{10}$$

式中，j_d为极限扩散电流密度。

由于活化极化超电势和浓差极化超电势与电流密度之间都呈非线性的关系，因此，实际电池（包括燃料电池）的放电曲线通常都不是严格的直线。

三、仪器、试剂与材料

1. 仪器

质子交换膜燃料电池，燃料电池性能测试系统，直流稳压电源，变阻器，电动机等。

2. 试剂与材料

氢气和氧气储槽，开关，导线。

四、实验内容

1. 了解燃料电池综合特性试验仪的操作

燃料电池测试主机面板如图 2-21 所示，主要在两种模式下工作："电解制氢"和"电池放电"(见仪器面板右下角选择开关)。

在"电解制氢"模式下有两种电解电源："恒流电解"和"太阳电池"(见仪器面板下面中间选择开关)。其中，恒流电解时电解电流可调("电解电流"旋钮，电源为恒流源或称稳流电源)。

电压表和电流表：在"电解制氢"模式下，显示电解电压和电流；"电池放电"模式下，显示电池放电工作电压和电流。电压单位：V；电流单位：mA(忽略小数点)。

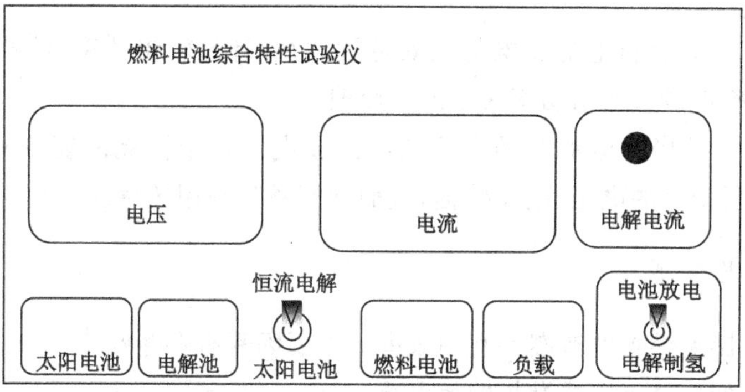

图 2-21　燃料电池测试仪器面板图

2. 将储气罐排空

3. 电解水制取氢气和氧气(电解电流控制在 200 mA 左右)

(1) 燃料电池的阳极接稳流电源的负极，阴极接稳流电源的正极，打开开关，调节稳流电源输出(转动"电解电流"旋钮)，记录具体电流值，进行水的电解。

(2) 由液槽上直接读到的是氢气和氧气气体毫升数刻度，记录初始刻度后开始计时，直至产生 15 mL 氢气时止，停止电解，同时读取产生的氧气量。

4. 燃料电池的性能测试

(1) 负载两端接电阻箱最边缘两端子。

(2) 以储槽中的氢气和氧气作为气源，首先记录下燃料电池的开路电压(即电阻无穷大)。然后，接通电路让燃料电池工作。调整负载电阻，记录不同负载电阻条件下的路端电压和负载电流。电阻变化范围为 5～95 Ω，共测量 10 个不同负载电阻下的电流、电压值。

(3) 燃料电池驱动实际负载

把直流电动机和电流表串联，作为燃料电池的负载。记录下储槽的水位和开路电压后，接通电路，记录燃料电池通过直流电动机负载放电过程中的路端电压和负载电流，每隔半分钟记录一次数据，连续进行 10 min 的实验，然后记录下气体储槽的水位。

五、数据处理

(1) 绘制燃料电池放电的伏安特性曲线，计算输出功率，绘制功率-电流曲线，确定最大输出功率对应的电流值。

(2) 计算燃料电池驱动实际负载的放电过程中消耗的氢气和氧气的量，结合所记录的电压、电流数据，进而计算燃料利用效率。

六、思考题

(1) 影响燃料电池燃料利用效率的主要因素有哪些?

(2) 如何降低电池燃料的超电势?

实验 17　镀前处理与镀层结合力试验

一、实验目的

(1) 了解镀前处理在电镀工艺过程中的作用;

(2) 掌握不同电镀工艺对镀层结合力的影响;

(3) 确定最佳结合力的工艺。

二、实验原理

1. 镀前处理工艺

电镀过程是在金属制品与电解液接触的界面上发生的,只有当二者良好地接触,电化学反应才能顺利地进行。当金属表面附有油污、氧化皮时,该处就没有电化学反应发生,因而也不会形成镀层。结果在镀件表面就会形成不连续的镀层;当镀件表面有局部的点状油污或氧化物时,会使镀层不密实而多孔,或者当镀件受热时,使镀层出现小气泡,甚至"鼓泡";当镀件表面黏附有极薄的甚至是肉眼看不见的油膜或氧化膜时,虽然也能得到外观正常、结晶细致的镀层,但由于油膜或氧化膜的存在,使得镀层和基体的结合很不牢固。当零件在使用过程中受到冲击、弯曲或冷热变化时,镀层将会开裂和脱落。可以这样说,如果镀层与基体的结合力不合格,则镀层其他性能的测定将失去意义,或者说该镀层无实用价值。

镀层结合力是指镀层与基体金属或中间镀层的结合强度,即单位表面积的镀层从基体金属或中间镀层上剥离所需要的力。镀层结合力不好,多数原因是镀前处理不良所致。此外,镀液成分和工艺规范不当或基体金属与镀层金属的热膨胀系数悬殊,均对镀层结合力有明显影响。

金属镀前处理的目的在于除掉金属表面上的毛刺、结瘤、锈蚀、油污和氧化皮,使工件表面清洁、光滑、活化,从而获得结合力好、厚度均匀的良好电镀层,对工件起保护和装饰作用。镀前处理的方法有机械法、化学法或电化学法，其工艺有如下几个方面：

① 粗糙表面的整平：有机械磨光、机械抛光、电抛光、滚光、喷砂等处理方法。

② 除油：有有机溶剂除油、碱性化学除油、电化学除油等方法。

③ 浸蚀：有强浸蚀、电化学浸蚀、弱浸蚀等方法。

由于组成工件的金属材料不同，且工件的表面状态的差异，对镀层的质量要求不一，以及尽可能地考虑生产效率和经济效益，因此必须合理地选择镀前处理工艺。

2. 弯曲试验法检测镀层的结合力

评定镀层与基体金属结合力的方法很多，但大多为定性方法，定量测试方法由于诸多困难，仅在试验研究中应用。通常用于车间检验的定性测量方法，是以镀层金属和基体金属的物理-力学性能的不同为基础，即当试样经受不均匀变形、热应力或外力的直接作用后，检查镀层是否有结合不良现象。具体方法可根据镀种和镀件选定。定性检测方法包括弯曲试验、锉刀与划痕试验、热震试验、胶带牵引试验、摩擦抛光试验等多种方法。

本实验采用弯曲试验法测结合力，即在钢铁试片上，用不同的镀前处理工艺获得不同的镀层，然后将试件加载于台虎钳上，反复弯曲试件，直至基体金属断裂，观察镀层有无开裂、起皮和脱落，由此可比较结合力的好坏。

三、仪器、试剂与材料

1. 仪器

CHI电化学工作站，镀槽，台虎钳，电吹风机。

2. 试剂与材料

$CuSO_4$（分析纯），H_2SO_4（分析纯），2-巯基苯并咪唑（分析纯），乙撑硫脲（分析纯），聚乙二醇（分析纯），聚二硫二丙烷磺酸钠（分析纯），$NiSO_4$（分析纯），NaCl（分析纯），H_3BO_3（分析纯），Na_2SO_4（分析纯），$NiCl_2$（分析纯），光亮剂，钢铁试片。

四、实验步骤

1. 配制镀液

根据工艺配方，分别配制组成如下的镀液：

2 L 酸性镀铜镀液：200 g·L^{-1} $CuSO_4$＋60 g·L^{-1} H_2SO_4＋0.000 8 g·L^{-1} 2-巯基苯并咪唑＋0.000 5 g·L^{-1}乙撑硫脲＋0.07 g·L^{-1}聚乙二醇＋0.01 g·L^{-1}聚二硫二丙烷磺酸钠；

1 L 暗镍镀液：130 g·L^{-1} $NiSO_4$＋7～9 g·L^{-1} NaCl＋35 g·L^{-1} H_3BO_3＋60 g·L^{-1} Na_2SO_4；

1 L 光亮度镍镀液：240 g·L^{-1} $NiSO_4$＋40 g·L^{-1} $NiCl_2$＋40 g·L^{-1} H_3BO_3＋少量光亮剂。

2. 按以下工艺流程进行实验

(1) 除油→水洗→浸蚀(除锈)→水洗→酸性镀铜→水洗→光亮镀镍→水洗→吹干。

(2) 除油→水洗→浸蚀(除锈→水洗→镀暗镍→水洗→酸性镀铜→水洗→光亮镀镍→水洗→吹干。

(3) 除油→水洗→浸蚀→水洗→空停(10 min)→镀暗镍→水洗→酸性镀铜→水洗→光亮镀镍→水洗→吹干。

(4) 除油→水洗→镀暗镍→水洗→酸性镀铜→水洗→光亮镀镍→水洗→吹干。

(5) 水洗→镀暗镍→水洗→酸性镀铜→水洗→光亮镀镍→水洗→吹干。

四、实验结果分析与讨论

将用不同前处理工艺获得的各试片[(1)～(5)各工件]镀层的状况及结合力情况进行比较，并分析原因，确定最佳工艺。

五、思考题

(1) 什么是镀前处理？它主要包括哪些内容？

(2) 在酸性镀铜前，增加镀暗镍的目的是什么？

(3) 经酸洗(浸蚀)后的工件，为什么要马上进入下一道工序？

实验 18　电沉积工艺条件——霍尔槽实验

一、实验目的

(1) 熟悉霍尔槽的基本原理、实验操作和结果分析；

(2) 初步了解电沉积条件对镍沉积层结构与性能的影响；

(3) 认识电镀过程中添加剂的作用。

二、实验原理

电沉积是用电解的方法在导电基底的表面上沉积一层具有所需形态和性能的金属沉积层的过程。传统上电沉积金属的目的，一般是改变基底表面的特性，改善基底材料的外观、耐腐蚀性和耐磨性。现在，电沉积这一古老而又年轻的技术正日益发挥着其重要作用，已广泛应用于制备半导体、磁膜材料、催化材料、纳米材料等功能性材料和微机电加工领域中。

电沉积过程中，由外部电源提供的电流通过镀液中两个电极（阴极和阳极）形成闭合回路。当电解液中有电流通过时，在阴极上发生金属离子的还原反应，同时阳极上的金属或溶液中某些化学物种（如水）发生氧化反应。其反应一般表示如下：

阴极反应：　$M^{n+}+ne = M$

副反应：　$2H^{+}+2e = H_2$（酸性镀液）

$2H_2O+2e = H_2+2OH^{-}$（碱性镀液）

当镀液中有添加剂时，添加剂也可能在阴极上反应。

阳极反应：　$M-ne = M^{n+}$（可溶性阳极）

或　$2H_2O-4e = O_2+4H^{+}$（不溶性阳极，酸性）

镀液组成（金属离子、导电盐、配合剂及添加剂的种类和浓度）、电沉积的电流密度、镀液 pH 值和温度甚至镀液的搅拌形式等因素对沉积层的结构和性能都有很大的影响。确定镀液组成和沉积条件，确保能够电镀出具有所要求的物理-化学性质的沉积层是电沉积研究的主要目的之一。

镍电沉积层在防护装饰和功能性方面都有广泛的应用。大量的金属或合金镀层如 Cr、Au 及其合金、枪黑色 Sn-Ni 合金、Cd-Se 合金等都是在光亮的镍镀层上电沉积进行的。在低碳钢、锌铸件上沉积镍，可保护基体材料不受腐蚀，并可通过抛光或直接电沉积光亮镍以达到装饰的目的。在被磨损的、腐蚀的或加工过度的零件上进行局部的电镀镍，可对零件进行修复。在电沉积镍的过程中用金刚石、碳化硅等刚性粒子或聚四氟乙烯柔性粒子作为分散微粒进行复合电镀，得到的复合电沉积层具有很高的硬度和良好的耐磨性。

电沉积镍过程中的主要反应为：

阴极：　　$Ni^{2+}+2e = Ni$

阳极：　　$Ni-2e = Ni^{2+}$

在整个沉积过程中，实际上至少包含了溶液中的水合(或配合)镍离子向阴极表面扩散、镍离子在阴极表面放电成为吸附原子(电还原)和吸附原子在表面扩散进入金属晶格(电结晶)三个步骤。溶液中镍离子浓度、添加剂与缓冲剂的种类和浓度、pH、温度及所使用的电流密度、搅拌情况等都能够影响电沉积的效果。用霍尔槽实验能够在较短的时间内，用较少的镀液得到较宽电流密度范围内的沉积效果。

霍尔槽实验是电镀工艺中最常用、最直观、半定量的一种方法。它可以简便且快速地测试镀液性能、镀液组成和工艺条件的改变对镀层质量产生的影响。通过此实验，通常可以用于确定镀液中各种成分的合适用量、选择合适的工艺条件、测定镀液中添加剂或杂质的大致含量、分析和排除实际生产过程中出现的故障、测定镀液的分散能力。

霍尔槽是梯形结构的渡槽，阴、阳极分别置于不平行的两边。霍尔槽的结构如图 2-21 所示，容量主要有 1 000 mL 和 267 mL 两种。一般在 267 mL 的霍尔槽中加入 250 mL 镀液，便于折算镀液中的添加物种的含量。由于阴阳极距离有规律的变化，在固定外加总电流时，阴极上的电流密度分布也发生有规律的变化。在 267 mL 霍尔槽中加入 250 mL 镀液，总电流为 1 A 时，阴极上的电流分布如表 2-8 所示。霍尔槽实验对镀液组成和操作条件的变化非常敏感，因此常用来确定镍镀液中各组分的浓度、pH 和获得良好沉积层的电流密度范围。

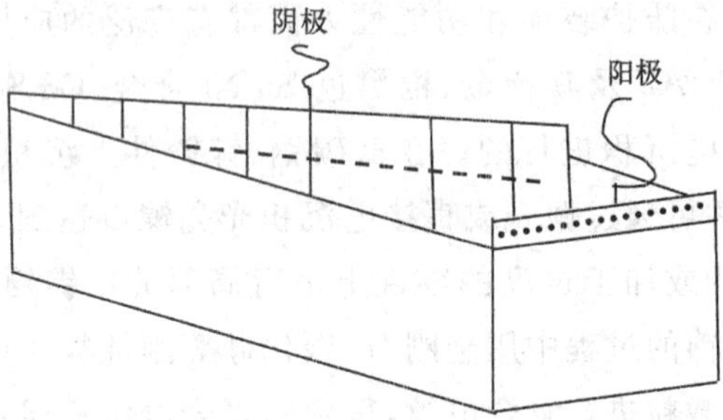

图 2-21 霍尔槽结构示意图

表 2-8 267 mL 霍尔槽中加入 250 mL 镀液时阴极上的电流分布(总电流 1 A)

项目	近端				远端				
	1 cm	2 cm	3 cm	4 cm	5 cm	6 cm	7 cm	8 cm	9 cm
电流密度/($A \cdot dm^{-2}$)	5.45	3.74	2.78	2.08	1.54	1.09	0.72	0.40	0.11

霍尔槽实验结果可用图示记录,如图 2-22 所示。沉积电流密度范围一般为图 2-22 中的 bc 范围(图中 $ab=ad/2, cd=bd/3$)。实验过程中,电沉积实验前必须仔细检查电路是否接触良好或短路,以免影响实验结果或烧坏电源;阴极片的前处理将影响镀层质量,因此要认真,除油和酸洗要彻底;加入添加剂时要按计算量加入,不能多加;新配镀液要预电解;电镀时要带电入槽;电镀过程中镀液会挥发,应及时用去离子水补充并调整 pH 值。

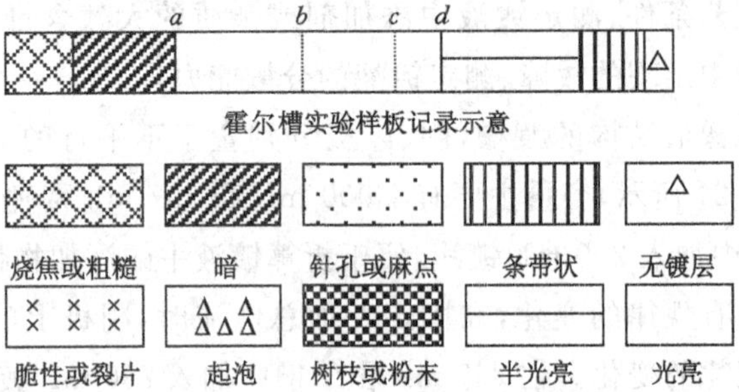

图 2-22 霍尔槽样板及镀层状况记录符号

三、仪器、试剂与材料

1. 仪器

霍尔槽，直流稳压电源，电流表，电吹风，恒温槽。

2. 试剂与材料

导线，镍板阳极，不锈钢或铜片阴极，硫酸镍，硫酸，氢氧化钠，氯化钠，硼酸，盐酸，除油液和酸洗液，糖精，苯亚磺酸钠，镍光亮剂 XNF，十二烷基硫酸钠，金相砂纸。

四、实验步骤

(1) 基础镀液的配制。

按下列配方配制 500 mL 基础镀液：

$300\ g\cdot L^{-1}\ NiSO_4\cdot 6H_2O+10\ g\cdot L^{-1}\ NaCl+35\ g\cdot L^{-1}\ H_3BO_3+30\%HCl$

pH 3.5～4.5(用稀硫酸或稀氢氧化钠调节)

将 267 mL 霍尔槽用水洗净后，加入 250 mL 基础液，置于恒温槽中，进行下面的实验。

(2) 霍尔槽阴极片(10 cm×7 cm 的不锈钢或纯铜片)用金相砂纸打磨抛光，经碱除油和 30%HCl 弱腐蚀，用自来水和去离子水逐次认真清洗后，带电置于霍尔槽中，用镍为阳极，以 1 A 的电流沉积 10 min。取出阴极片，用水冲洗干净，经干燥后观察并按图 2-22 记录阴极上镍的沉积情况、镀液组成和实验条件。

(3) 在步骤(2)的溶液中依次加入糖精、苯亚磺酸钠、镍光亮剂 XNF 和十二烷基硫酸钠，使其浓度分别为 $1.0\ g\cdot L^{-1}$、$0.1\ g\cdot L^{-1}$、$3\ mL\cdot L^{-1}$ 和 $0.1\ g\cdot L^{-1}$，分别进行同步骤(2)的实验和记录。

(4) 在含所有添加剂的光亮镍镀液中，根据步骤(2)的实验条件，比较镀液搅拌与不搅拌、常温和实验温度下镍的沉积层的质量，并进行记录。

五、思考题

(1) 电沉积过程主要包括哪些步骤？

(2) 光亮镍镀液中各添加剂主要起什么作用？

(3) 从霍尔槽实验结果可以获得哪些有关电沉积效果的信息？

实验19　阴极电流效率和分散能力的测试

一、实验目的

(1) 掌握电流效率的测试方法和结果分析;

(2) 掌握分散能力的测试方法和结果分析。

二、实验原理

通过电极的极化电流与极化超电势的关系曲线称为极化曲线。图2-23为极化曲线测试的示意图。整个测量系统包括两个回路,一个为极化回路,由研究电极(在本实验中为阴极)和辅助电极组成;另一个为电极电位测量回路,由研究电极和参比电极组成,流经此回路的电流要求很小。极化曲线的测试方法有控制电流和控制电位两种方法。前者逐次改变电流,后者逐次改变电位,然后测量相应的电位或电流值。利用它可以测量电极过程动力学参数、探索电沉积机理、判断和分析镀液中各种组分的作用及其最佳用量、选择工作条件和评定各种电镀液的性能。

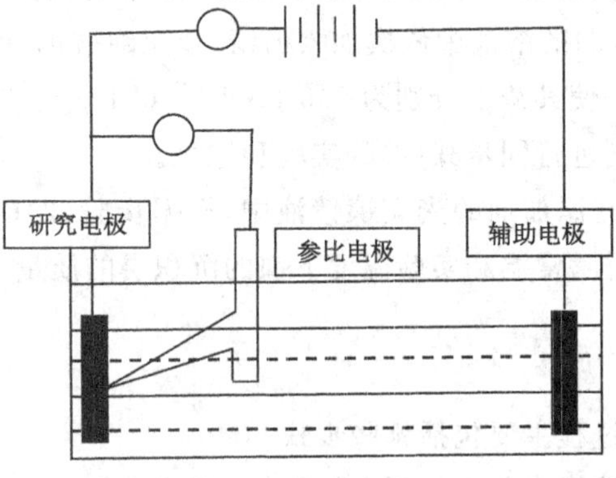

图 2-23　极化曲线测量示意图

金属的阴极极化反应过程中，在某一极化电流下，电极电位偏离平衡电位的现象称为极化。电位 φ 和电流 I 的比值 $\Delta\varphi/\Delta I$ 称为极化度。在某一极化电流下，相应的电极电位偏离平衡电位的值称为超电势。通过极化曲线中极化、极化度和超电势的变化来分析镀液组分和添加剂的作用。通过 Tafel 曲线的绘制，求得电极过程动力学参数。

阴极电流效率(η)是在电沉积时，实际用于镀层沉积的电量与通入的总电量的百分比。由于在实际生产条件下，阴极不可能只单纯进行金属离子还原为金属的反应，还同时发生氢的析出或添加剂的电化学反应等副反应。副反应也消耗了一部分电量，使得电沉积金属的电流效率一般达不到100%。电流效率的高低关系到电能的有效利用和生产效率的问题，同时与镀液的稳定性、镀层的质量和环境的保护也有密切的关系。因此在选择镀液的组成和确定工作规范时，必须同时考虑电流效率问题。测定电流效率的一个简单方法是恒电流沉积法，即根据电流大小和沉积时间计算出电镀消耗的电量，由沉积金属的电化学当量可计算出应沉积的金属的质量，然后与阴极试片镀后增重相比较，便可用式(1)计算阴极电流效率。

$$\eta = \frac{\Delta W_{\mathrm{Ni}}}{ItC_{\mathrm{Ni}}} \times 100\% \tag{1}$$

式中 ΔW_{Ni}——阴极片镀后增重，g；

I——电镀时所用电流，A；

t——电镀时间，h；

C_{Ni}——镍的电化学当量[1.095 g·(A·h)$^{-1}$]。

根据镀层的质量，还可根据式(2)和式(3)计算镀层的厚度 L 和沉积速率 v，即

$$L = \frac{\Delta W_{\mathrm{Ni}}}{S_{\mathrm{c}}\rho_{\mathrm{Ni}}} \tag{2}$$

$$v = \frac{L}{t} \tag{3}$$

式中 S_{c}——阴极面积；

ρ_{Ni}——金属 Ni 的密度(8.9 g·cm^{-3})；

t——电镀时间。

分散能力(TP)也称为均镀能力，指在某一特定的电镀条件下通过电

流时，镀液促使金属均匀沉积在阴极（镀件）上的能力。分散能力的测定有多种方法，测量结果的数值也不一致。这里只介绍哈林槽（远近阴极法）测定法。图 2-24 是哈林槽的结构示意图。测定时槽的两端各放一个面积相等的阴极，在两阴极之间放入一个与阴极尺寸相同的网状或带孔的阳极。远近阴极与阳极的距离比为 5∶1，即 $k=L_1/L_2=5$，然后按照一定的工艺规范在适当的电流下沉积一定时间，称量得到两个阴极的质量增加量（$\Delta m_{远}$ 和 $\Delta m_{近}$），用式(4)计算分散能力，即

$$TP=\frac{k-\dfrac{\Delta m_{近}}{\Delta m_{远}}}{k-1}\times 100\% \tag{4}$$

式中　k——远近阴极的距离比（本实验中等于 5）；

$\Delta m_{远}$，$\Delta m_{近}$——沉积后远近阴极的质量增加量。

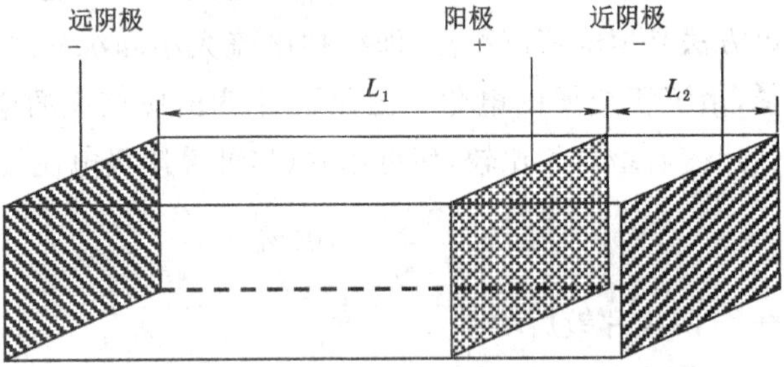

图 2-24　哈林槽测定分散能力的装置示意图

测试极化曲线，必须严格进行电极的预处理才能得到好的实验结果。测试电流效率和分散能力时，阴极片要经除油、酸洗、水洗、滤纸吸干，用电吹风吹干并冷却至室温后称量，沉积后的阴极片也要经水洗并吸干，烘干后称量。电流效率测定时，应准确记录时间和电流。

三、仪器、试剂与材料

1. 仪器

CHI 电化学工作站，恒温槽，霍尔槽，哈林槽，电子天平，电吹风机。

2. 试剂与材料

基础镀液，光亮镍镀液，添加剂，氢氧化钠，盐酸，饱和甘汞电极，玻璃

碳电极，镍片，紫铜，滤纸。

四、实验步骤

(1) 在基础镀液和逐次加入与实验 18 对应的添加剂的镀液中测定镍沉积的阴极极化曲线。实验时，用镍片（或铂片）为对电极，饱和甘汞电极为参比电极，玻璃碳电极为研究电极。从比开路电位稍负的电位开始向阴极方向扫描。电位扫描速率 10～20 $mV \cdot s^{-1}$。分析极化曲线的变化及原因。

(2) 根据霍尔槽实验结果，选择某一电流密度，将基础液和光亮镍镀液在实验温度下及在室温下分别用恒电流法沉积 40 min，比较获得的镀层表观质量并根据沉积前后阴极片的质量增加量和通过的总电量，计算电流效率、镀层厚度和沉积速率。用 1.7 cm×1.7 cm 紫铜做基体。

(3) 用与步骤(2)相同的实验条件，用哈林槽方法测定镀液的分散能力。用 1.7 cm×1.7 cm 紫铜做基体。

电流效率和分散能力测定的具体操作过程为水洗→碱洗→水洗→碱洗→水洗→吹干→称量→水洗→酸洗→带电入槽→出槽→水洗→吹干→称量。

五、思考题

(1) 试说明极化曲线测量的基本原理。

(2) 加入添加剂后极化曲线可能有什么变化？

(3) 阴极电流效率和镀液的分散能力测定有什么实际意义？

实验20 阴极极化曲线的测量

一、实验目的

(1) 掌握测量极化曲线的基本原理和测量方法；
(2) 测定铁电极在碱性溶液中的阴极极化曲线；
(3) 学会根据极化曲线分析溶液中添加剂作用的方法。

二、实验原理

在电化学研究中，很多电化学反应表现在电极的极化上，因此测量电极的极化曲线是很重要的研究方法。在电流通过电极与电解液界面时，电极电位将偏离平衡电极电位，当电位向负向偏离时，称之为阴极极化，向正向偏离时，称之为阳极极化。在电镀工艺中，用测定阴极极化的方法研究电镀液各组分及工艺条件对阴极极化的影响，而阳极极化可用来研究阳极行为或腐蚀现象。

所谓极化曲线就是电位与电流密度之间的关系曲线。测量极化曲线的方法分为控制电流法和控制电位法，而每种方法又可以分为稳态法和暂态法。本实验采用控制电位法研究在碱性镀锌溶液中香草醛光亮剂对阴极极化的影响。

三、仪器、试剂与材料

1. 仪器

CHI 电化学工作站。

2. 试剂与材料

ZnO，NaOH，香草醛，丙酮，酒精，蒸馏水，脱脂棉，低碳钢电极(表面积为 1 cm^2)1 个，锌电极 1 块，硫酸亚汞电极 1 个，电解池，滤纸。

四、实验步骤

本实验采用CHI电化学工作站中的线性电位扫描法分别测量以下两种电解液中的阴极极化曲线：

(1) ZnO 12 g·L^{-1}＋NaOH 120 g·L^{-1}

(2) ZnO 12 g·L^{-1}＋NaOH 120 g·L^{-1}＋香草醛 0.2 g·L^{-1}

扫描速度：2 mV·s^{-1}；电位扫描范围：－1.18～－2.18 V

(1) 接好线路。

(2) 测量阴极极化曲线。

① 研究电极为低碳钢电极，表面积为 1 cm^2（注意测试面积一定要准确，不测部分要用绝缘漆涂好）。将待测的电极用金相砂纸打磨，除去氧化膜，用丙酮洗涤除油。再用脱脂棉蘸酒精擦洗，用蒸馏水冲洗干净，再用滤纸吸干，放进电解池中。

② 电解池中以锌电极为辅助电极、硫酸亚汞电极为参比电极。

③ 启动CHI电化学工作站，运行测试软件。在Setup菜单中点击"Technique"选项。在弹出菜单中选择"Linear Sweep Voltammetry"测试方法，击OK按钮。

④ 在Setup菜单中点击"Parameters"选项。在弹出菜单中输入测试条件：Init E(初始电位)为－1.18 V，Final E(终止电位)为－2.18 V，Scan Rate比(扫描速率)为 0.002 V·s^{-1}，Sample Interval(取点间隔)为 0.001 V，Quiet Time(静止时间)为 2 s，Sensitivity(灵敏度)选择 Auto-sensitivity。然后点击OK按钮。

⑤ 在Control菜单中点击"Run Experiment"选项，进行极化曲线的测量。

⑥ 改变溶液组成，测试电极在第二种溶液中的阴极极化曲线，测试条件同上。

(3) 实验完毕，关闭仪器，将研究电极清洗干净待用。

五、数据处理

(1) 绘制添加香草醛前后碱性镀锌溶液的阴极极化曲线；

（2）分析香草醛对极化曲线的影响。

六、思考题

（1）在测量电路中，参比电极和辅助电极各起什么作用？

（2）对比两条阴极极化曲线，分析香草醛对极化曲线的影响。

实验21　重量法测定金属腐蚀速率

一、实验目的

(1) 掌握重量法测定金属腐蚀速率的原理和方法；

(2) 用重量法测定碳钢在稀硫酸中的腐蚀速率。

二、实验原理

金属受到均匀腐蚀时，其腐蚀速率表示方法一般有两种：一种是用在单位时间内、单位面积上金属损失(或增加)的重量来表示，通常采用的单位是 $g \cdot m^{-2} \cdot h^{-1}$；另一种是用单位面积内金属腐蚀的深度来表示，通常采用的单位是 $mm \cdot a^{-1}$。

目前测定金属腐蚀速率的方法很多，有重量法、容量法、极化曲线法(即极化阻力法)、电阻法等。重量法是一种较经典的方法，适用于实验室和现场试验，是测定金属腐蚀速率最可靠的方法之一。重量法是其他测定金属腐蚀速率方法的基础。

重量法是根据腐蚀前后金属试件重量的变化来测定金属腐蚀速率的。重量法分为失重法和增重法两种。当金属表面上的腐蚀产物容易除净且不会因为清除腐蚀产物而损坏金属本体时常用失重法；当腐蚀产物牢固地附着在试件表面时则采用增重法。

把金属做成一定形状和大小的试件，放在腐蚀环境中(如化工产品、大气、海水、土壤、试验介质等)，经过一定的时间后，取出并测量其重量和尺寸的变化，计算其腐蚀速率。对于失重法，可由式(1) 计算腐蚀速率：

$$v^{-} = \frac{W_0 - W_1}{S \cdot t} \tag{1}$$

式中　v^{-}——金属的腐蚀速率，$g \cdot m^{-2} \cdot h^{-1}$；

W_0——试件腐蚀前的重量，g；

W_1——腐蚀并经除去腐蚀产物后试件的重量，g；

S——试件暴露在腐蚀环境中的表面积，m^2；

t——试件腐蚀的时间，h。

对于增重法，即当金属表面的腐蚀产物全部附着在上面，或者腐蚀产物脱落下来可以全部被收集起来时，可由式(2)计算腐蚀速率：

$$v^+ = \frac{W_2 - W_1}{S \cdot t} \tag{2}$$

式中 v^+——金属的腐蚀速率，$g \cdot m^{-2} \cdot h^{-1}$；

W_2——带有腐蚀产物的试件的重量，g；

其余符号同式(1)。

对于密度相同的金属，可以用上述方法比较其耐蚀性能。对于密度不同的金属，尽管单位表面积的重量变化相同，其腐蚀深度却不一样。对此，用腐蚀深度表示更为合适。其换算公式如下：

$$v_L = \frac{v^-}{\rho} \times \frac{24 \times 365}{1\ 000} = 8.76 \times \frac{v^-}{\rho} \tag{3}$$

式中 v_L——用腐蚀深度表示的腐蚀速率，$mm \cdot a^{-1}$；

ρ——金属的密度，$g \cdot cm^{-3}$；

v^-——腐蚀的失重指标，$g \cdot m^{-2} \cdot h^{-1}$。

三、仪器、试剂与材料

1. 仪器

电子秤(精度为 0.1 mg)2 台，恒温水槽 1 个，分析天平(精度为 0.1 mg)1 台，电吹风机 1 个，游标卡尺 1 把。

2. 试剂与材料

碳钢试片(长 8 mm、宽 5 mm、厚 1～3 mm) 4 片，烧杯(500 mL) 3 只，表面皿(ϕ10 cm)2 个，玻璃棒，干燥皿，镊子 2 把，托盘 1 个，砂纸(粗、细)，毛巾，纱布，刷子，棉球，尼龙细绳，汗布手套，HCl(10%)溶液，丙酮，无水乙醇，缓蚀剂。

四、实验步骤

重量法装置示意图如图 2-25 所示。

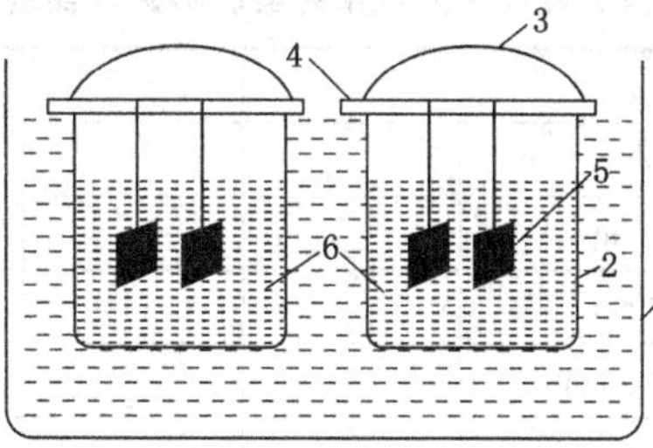

图 2-25　重量法装置示意图

1——恒温水槽；2——烧杯；3——表面皿；4——玻璃棒；5——试片；6——腐蚀液

实验步骤如下：

(1) 将恒温水槽通电加热，使水温恒定在 50 ℃左右。

(2) 分别在两个 500 mL 烧杯中加入 400 mL 10％HCl 溶液并在其中之一加入 1.2 g 缓蚀剂，放在恒温水槽中加热。

(3) 将碳钢试片表面依次用粗砂纸、细砂纸打磨至镜面后依次用自来水、蒸馏水冲洗，并用毛巾擦去水分，再用无水乙醇和丙酮浸洗，在干的毛巾和纱布上擦拭，然后用电吹风吹干。

(4) 戴上汗布手套，测量碳钢试片的尺寸并称重。

(5) 当水槽温度恒定后，将试片用尼龙绳吊好，挂在玻璃棒上，试片要完全浸没在腐蚀液中，同时记下时间。

(6) 浸泡 1 h 后，迅速取出试片，放入装有自来水的烧杯中。

(7) 除去尼龙细线，依次用自来水、蒸馏水冲洗试片，再依次用无水乙醇、丙酮棉球擦试片，最后用电吹风机吹干。

(8) 称重，计算质量。

(9) 腐蚀实验后，将试片放入干燥器中保存。将腐蚀液倒入废酸缸内，关闭电源，清洗容器、手套、毛巾，收拾台面。

五、数据记录及处理

(1) 将数据记录于表 2-9 中。

表 2-9　　重量法测定金属腐蚀速率的实验参数与实验结果

试片编号					
试片尺寸	长/cm				
	宽/cm				
	高/cm				
	表面积/cm^2				
腐蚀液成分					
试片质量	腐蚀前/g				
	腐蚀后/g				
	失重/g				
实验时间	浸入时间				
	取出时间				
	腐蚀时间/h				
腐蚀速率/($g \cdot m^{-2} \cdot h^{-1}$)					
平均腐蚀速率/($g \cdot m^{-2} \cdot h^{-1}$)					

(2) 计算出碳钢试片的腐蚀速率(用 $g \cdot m^{-2} \cdot h^{-1}$ 来表示)。

六、注意事项

(1) 将研究电极的表面依次用粗砂纸、细砂纸打磨至镜面后,用丙酮和无水乙醇洗净并在干的毛巾和纱布上擦拭,然后用电吹风吹干,即可供腐蚀实验用。

(2) 测量尺寸和称重时均需戴上汗布手套。

(3) 腐蚀实验后,将电极在自来水下用刷子刷洗后在干毛巾上擦拭,然后用吹风机吹干,放入干燥器中保存。

七、思考与讨论

(1) 简述重量法测定金属腐蚀速率的优点和缺点及适用范围。

(2) 分析重量法测定金属腐蚀速率的误差来源。

第三章　综合性电化学实验

实验 22　不锈钢在 H_2SO_4 溶液中钝化曲线的测量及耐腐蚀能力的评价

一、实验目的

(1) 掌握电化学工作站原理和使用方法；

(2) 掌握线性扫描伏安法的应用；

(3) 测定氯离子浓度对镍钝化的影响；

(4) 掌握不锈钢阳极钝化曲线的测量。

二、实验原理

应用控制电位线性扫描伏安法测定不锈钢在腐蚀介质中的阳极钝化曲线，是评价钝态金属耐腐蚀能力的常规方法。给被测量的不锈钢施加一个阳极方向的线性变化电势，测量电流随电势变化的函数关系 $i=f(\varphi)$，可得如图 3-1 的曲线。

由图 3-1 可见，整个曲线分为 4 个区，AB 段为活性溶解区，在此区不锈钢阳极溶解电流随电势的正移而增大，一般服从半对数关系。随着不锈钢的溶解，腐蚀物的生成在不锈钢表面形成保护膜。BC 段为过渡区。电势和电流出现负斜率的关系，即随着保护膜的形成不锈钢的阳极溶解电流急速下降。CD 段为钝化区。在此区不锈钢处于稳定的钝化状态，电流随电

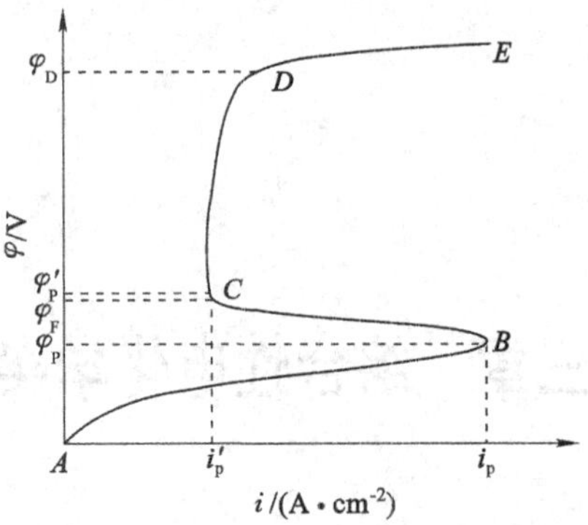

图 3-1　不锈钢的阳极钝化曲线

位的变化很小。*DE* 段为过钝化区。此时不锈钢的阳极溶解重新随电势的正移而增大，不锈钢在介质中形成更高价的可溶性的氧化物或氧的析出。钝化曲线给出几个特征的电势和电流为评价不锈钢在腐蚀介质中的耐蚀行为提供了重要的实验参数。

图 3-1 中 φ_p 为致钝电势。φ_p 越负，不锈钢越容易进入钝化区。φ_F 称为 flad 电势，是不锈钢由钝态转入活化态的电势。φ_F 越负表明不锈钢越不容易由钝化转入活化。φ_D 称为点蚀电势，φ_D 越正表明不锈钢的钝化膜越不容易破裂。φ'_p～φ_D 称为钝化范围，φ'_p～φ_D 电势范围越宽，表明不锈钢的钝化能力越强。图中的两个特征的电流——致钝电流 i_p 和维钝电流 i_p' 也为评价不锈钢耐蚀行为提供了参数。

三、仪器、试剂与材料

1. 仪器

CHI 电化学工作站，三电极电解池。

2. 试剂与材料

0.25 mol·L^{-1} H_2SO_4 溶液（分析纯），430 不锈钢、304 不锈钢圆盘电极（研究电极），金相砂纸，饱和甘汞电极（参比电极），铂丝（辅助电极）。

研究电极采用直径为 0.5 cm 的 430 不锈钢、304 不锈钢圆盘电极（用环氧树脂将不锈钢棒密封在玻璃管中）。

四、实验步骤

打开仪器和计算机的电源开关，预热 10 min。

1. 电极的前处理

研究电极用金相砂纸打磨后，用丙酮洗涤除油，再用二次蒸馏水冲洗干净，擦干后将其放入已洗净并装有 0.25 $mol \cdot L^{-1}$ H_2SO_4 溶液的电解池中。

2. 测量系统的组装

分别装好辅助电极和参比电极，并按图 3-2 接好测量线路（红色夹子为辅助电极；绿色夹子接研究电极；白色夹子接参比电极）。

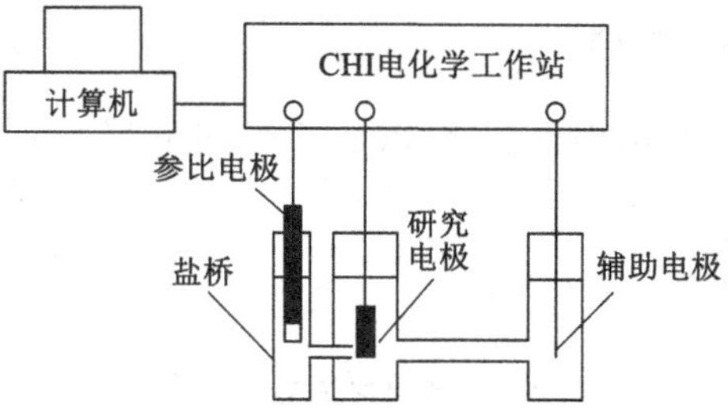

图 3-2　测量线路示意图

3. 测量参数的设置

打开 CHI 软件进入 Windows 工作界面；在工具栏里选中“Control”，此时屏幕上显示一系列命令的菜单，再选中“Open Circuit Potential”，数秒钟后屏幕上即显示开路电位值（镍工作电极相对于参比电极的电位），记下该数值；在工具栏里选中“T”（实验技术），此时屏幕上显示一系列实验技术的菜单，再选中“Linear Sweep Voltammetry（线性电位扫描法）”，然后在工具栏里选中“参数设定”（在“T”的右边）此时屏幕上显示一系列需设定参数的对话框：

初始电位（Init E）——设为比先前所测得的开路电位负 0.1 V；

终止电位（Final E）——设为 1.6 V；

扫描速率（Scan Rate）——设为 0.01 $V \cdot s^{-1}$；

采样间隔（Sample Interval）——就是框中显示值；

初始电位下的极化时间(Quiet Time)——设为 300 s;

电流灵敏度(Sensitivity)——设为 0.01 A。

4. 430 不锈钢和 304 不锈钢阳极钝化曲线的测量

至此参数已设定完毕,点击"OK"键;然后点击工具栏中的运行键,此时仪器开始运行,屏幕上即时显示当时的工作状况和电流对电位的曲线。扫描结束后点击工具栏中的"Graphics",再点击"Graph Option",在对话框中分别填上电极面积和所用的参比电极及必要的注解,然后在"Graph Option"中点击"Preasent Data Plot"显示完整的实验结果。给实验结果取个文件名存盘。

5. 整理实验数据

五、数据记录与处理

(1) 绘制 430 不锈钢电极和 304 不锈钢电极在不同溶液中的极化曲线。

(2) 将数据填入表 3-1 中。

表 3-1　　数据记录表

	430 不锈钢	304 不锈钢
致钝电流 i_P/mA		
钝化区 E'_{P-D}/mV		
维钝电流 I'_P/mA		
点蚀电位 E'_D/mV		

七、思考题

(1) 试讨论不锈钢的钝化极曲线给出了哪些电位、电流参数可供评价镍所在介质中的耐腐蚀能力。

(2) 被测的不锈钢中哪个型号的不锈钢在 0.25 mol·L^{-1} H_2SO_4 中耐蚀性能较好?为什么?

实验 23　线性极化法分析腐蚀介质对不锈钢腐蚀速率的影响

一、实验目的

(1) 掌握线性极化法的基本原理和基本公式；

(2) 学习使用线性极化法测量不锈钢在不同介质中的极化阻力 R_p 值；

(3) 从不锈钢在不同介质中的 R_p 值分析介质对不锈钢腐蚀速率的影响。

二、实验原理

不锈钢在特定介质中的腐蚀速率是评价不锈钢的耐蚀能力的主要参数。腐蚀介质(成分、浓度)对不锈钢耐腐蚀能力有重要的影响。常规的质量法，测量时间冗长，步骤复杂。线性极化法以其灵敏、快速、方便成为测量不锈钢在其所在腐蚀介质中腐蚀速率的常用方法。线性极化法的原理是依据在电极的自腐蚀电位附近(±10 mV)施加极化电流时，电极电位的变化 ΔE 和外加电流 Δi 成正比，分别如图 3-3 和图 3-4 所示。

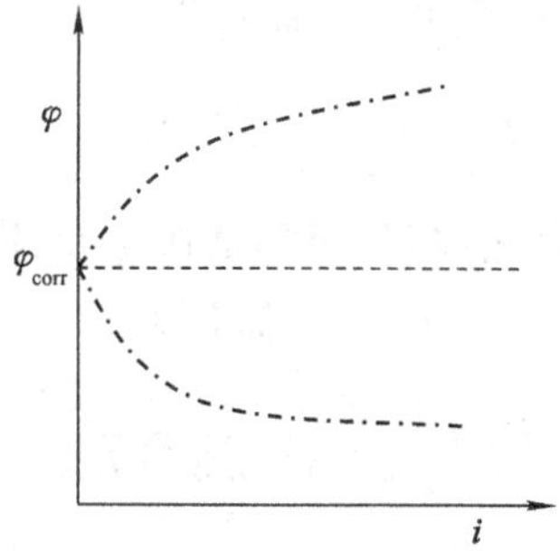

图 3-3　电流与电极电位的关系

根据 Stern 和 Geary 的理论推导，对于活化控制的腐蚀体系，极化阻力

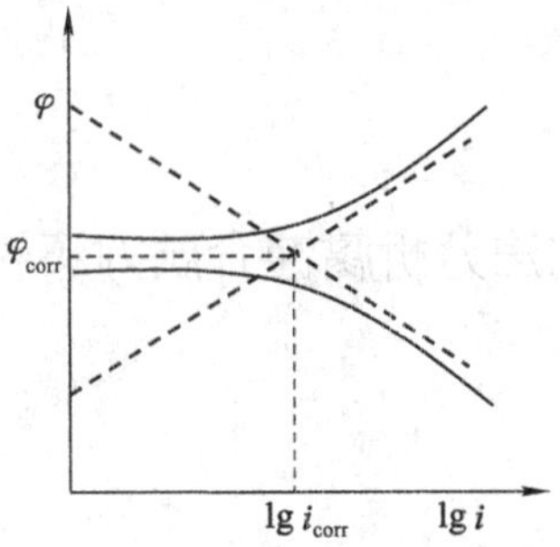

图 3-4　电流的对数与电极电位的关系

($R_p=\Delta E/\Delta i$)与自腐蚀电流之间存在式(1)关系：

$$R_p=\frac{\Delta E}{\Delta i}=\frac{b_a b_c}{2.303(b_a+b_c)}\times\frac{1}{i_{corr}} \tag{1}$$

式中　R_p——极化电阻率，$\Omega\cdot cm^3$；

ΔE——极化电位，V；

Δi——极化电流密度，$A\cdot cm^{-2}$；

i_{corr}——金属的自腐蚀电流密度，$A\cdot cm^{-2}$；

b_a，b_c——阳、阴极塔菲尔常数，V。

式(1) 还包含了腐蚀体系的两种极限情况。

当局部的阳极反应受活化控制，而局部阴极反应受氧化剂扩散控制时(如氧的扩散控制)，$b_c\to\infty$，则式(1) 简化为：

$$R_p=\frac{\Delta E}{\Delta i}=\frac{b_a}{2.3}\times\frac{1}{i_{corr}} \tag{2}$$

当局部阴极反应受活化控制，而局部阳极反应受钝化控制时(如不锈钢在饱和氧介质中)，$b_a\to\infty$，则式(1) 简化为：

$$R_p=\frac{\Delta E}{\Delta i}=\frac{b_c}{2.3}\times\frac{1}{i_{corr}} \tag{3}$$

对一定的腐蚀体系，b_a、b_c为常数，而$K=\dfrac{b_a b_c}{2.303(b_a+b_c)}$也为常数，则式(1)、式(2) 和式(3) 可简化为：

$$R_p=\frac{\Delta E}{\Delta i}=\frac{K}{i_{corr}}\quad 或\quad i_{corr}=\frac{K}{R_p} \tag{4}$$

式(4)表明衡量不锈钢自腐蚀速率大小的自腐蚀电流 i_{corr} 和线性极化阻力 R_p 成反比。测量不锈钢在不同介质中的 R_p 值可以分析介质对不锈钢腐蚀速率的影响。

三、仪器、试剂与材料

1. 仪器

电化学工作站，三电极电解池。

2. 试剂与材料

0.25 $mol \cdot L^{-1}$ H_2SO_4，饱和甘汞电极（参比电极），铂丝（辅助电极），430 和 304 不锈钢（工作电极），含 Cl^- 的 0.25 $mol \cdot L^{-1}$ H_2SO_4 溶液，乙醇或丙酮，3# ～5# 金相砂纸。

四、实验步骤

(1) 工作电极的前处理（将工作电极经 3# ～5# 金相砂纸抛光，并用乙醇或丙酮除油，用蒸馏水洗净备用）。

(2) 测量电解槽系统的装配。

(3) 测量 430 不锈钢电极在 0.25 $mol \cdot L^{-1}$ H_2SO_4 溶液中的 R_p 的值。

(4) 测量 430 不锈钢电极在含 Cl^- 的 0.25 $mol \cdot L^{-1}$ H_2SO_4 中的 R_p 值。

(5) 测量 304 不锈钢电极在 0.25 $mol \cdot L^{-1}$ H_2SO_4 溶液中的 R_p 的值。

(6) 测量 304 不锈钢电极在含 Cl^- 的 0.25 $mol \cdot L^{-1}$ H_2SO_4 溶液的 R_p 值。

(7) 数据整理。

五、注意事项

注意线性极化范围的选择（$\Delta E \leqslant \pm 10$ mV）。

六、数据记录与处理

实验数据记录于表 3-2 中。

表 3-2　　实验数据记录

项目	工作电极	0.25 mol·L^{-1} H_2SO_4溶液	含Cl^-的 0.25 mol·L^{-1} H_2SO_4溶液
R_p/Ω	430 不锈钢		
	304 不锈钢		

七、思考题

(1) 线性极化法测量腐蚀速率的基本原理是什么?

(2) 为什么称 R_p 为线性极化电阻率?

(3) 线性极化法测量腐蚀速率有何局限性?

实验 24　交流阻抗法研究金属覆盖层的电化学性能及界面腐蚀机理

一、实验目的

(1) 掌握交流阻抗法(EIS)的实验原理及方法；

(2) 了解 Nyquist 图和 Bode 图的意义；

(3) 学习简单电极反应的等效电路及其对应的电化学反应机理；

(4) 分析金属钝化覆盖层界面行为的机理。

二、实验原理

交流阻抗法是一种以小振幅的正弦波电位(或电流)为扰动信号，叠加在外加直流电压上，并作用于电解池，通过测量系统在较宽频率范围的阻抗谱，获得研究体系相关动力学信息及电极界面结构信息的电化学测量方法。

复数阻抗的测量是以复数形式绘出电极在一系列频率下的阻抗，不仅能给出阻抗的绝对值，还可给出相位角，可为研究电极提供较丰富的信息。

图 3-5 中，R_e为溶液电阻，C_p为电极/溶液的双电层电容，R_p为电极电阻。此等效电路的总阻抗为：

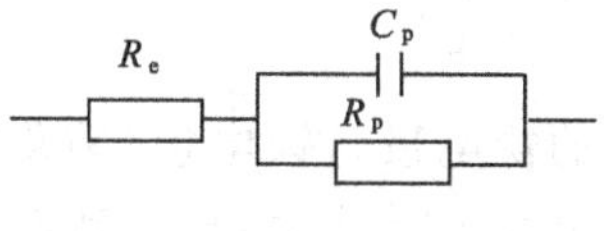

图 3-5　测试电池的等效电路

$$Z = R_e + \frac{R_p}{1 + \omega^2 C_p^2 R_p^2} - \frac{j\omega C_p R_p^2}{1 + \omega^2 C_p^2 R_p^2} \tag{1}$$

其中，实部：
$$Z' = R_e + \frac{R_p}{1+\omega^2 C_p^2 R_p^2} \tag{2}$$

虚部：
$$-Z'' = \frac{j\omega C_p R_p^2}{1+\omega^2 C_p^2 R_p^2} \tag{3}$$

对于每一个 ω 值，都有相应的 Z' 与 Z''，在复数阻抗平面内表示为一个点，连接各 ω 的阻抗点，得到一条曲线，成为复数阻抗曲线，如图 3-6 所示。

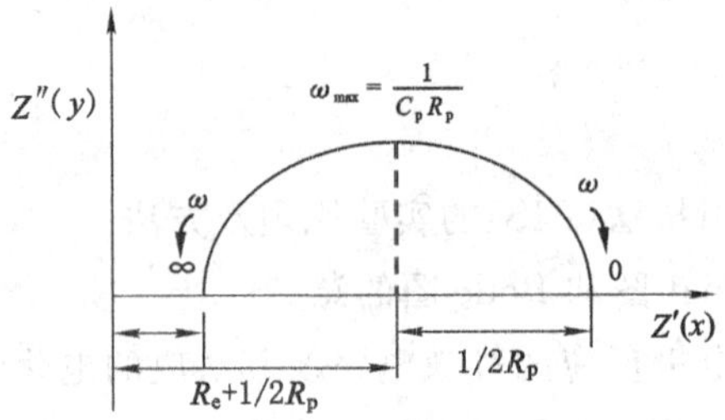

图 3-6　等效电路图 3-5 的复数阻抗

当 $\omega \to \infty$ 时，半圆与 Z' 轴的交点即为电解质溶液的电阻 R_e；当 $\omega \to 0$ 时，半圆与 Z' 轴的交点即为 $R_e + R_p$。一般情况下，电解质溶液的电阻 R_e 可忽略，因此，根据半圆与 Z' 轴的交点即可求得电极体系的电阻 R_p；当 $\omega = \omega_{max}$（ω_{max} 为半圆最高点的角频率）时，据公式 $C_p = \frac{1}{\omega_{max} \cdot R_p}$ 可求得电极/溶液的双电层电容 C_p。

三、仪器、试剂与材料

1. 仪器

CHI 电化学工作站，电解池。

2. 试剂与材料

镍电极（未进行钝化的镍电极），镍电极（钝化态镍电极），饱和甘汞电极（参比电极），光亮铂电极（辅助电极），固定支架，丙酮，NaCl 溶液（2.5%）。

四、实验步骤

（1）将预处理好的镍电极（即未进行钝化的镍电极）放人电解池，将

2.5%NaCl 溶液作为电解液加入电解池中，连接好测量线路（一般红色夹头接辅助电极，白色夹头接参比电极，绿色夹头接工作电极）。

（2）依次打开电化学工作站、计算机、显示器等电源，预热 10 min 后启动 CHI 软件。

（3）执行“Control”菜单中的“OPen Circuit Potential 命令，获得自然电位。

（4）在电化学工作站上测定镍电极的交流阻抗谱。在“Set up 菜单中执行“Technique”命令，在显示的对话框中选择“I. C. Impedance”进入参数设置界面（如未出现参数设置界面，再执行“Set up”菜单中的“Parameters”命令进入参数设置界面）。

实验条件设置如下：init E（电位）—步骤（3）测得的自然电位；High Frequency（高频率）－100 000 Hz；Low Frequency（低频率）－0.1 Hz；Amplitude（所加正弦波信号的幅度）－0.005 V；其他为默认值。

执行“Control”菜单中的“Run Experiment”命令，开始交流阻抗实验。

执行“Sim”菜单中的“Mechanism”命令，建立等效回路模型，对实验结果进行拟合，获得双电层结构模型及电路元件参数。

（5）取镍电极进行钝化，在稳定钝化区终止实验，获得钝化膜，重复步骤（3）和（4），比较钝化前后镍电极反应电阻的变化。

（6）打开“Graphics”菜单，选择“Overlay PIots”或“Add Data to Plots”对实验结果进行叠加并分析。

（7）测量结束，关闭电源，拆掉导线，取出电极用蒸馏水冲洗干净备用，冲洗电解池。

五、注意事项

在电脑桌面指定文件夹内建立自己的文件目录存储图形和数据（实验完毕必须将自己的实验数据复制回去，并删除电脑桌面上自己的实验数据文件，请勿留在实验室的电脑内或删除别人的实验数据文件以及其他文件）。

六、数据记录及处理

对比钝化前后镍电极的电化学参数，如双电层电容、反应电阻等。

七、思考题

(1) 在绘制 Nyquist 图和 Bode 图时,为什么所加正弦波信号的幅度要小于 10 mV?

(2) 在实际测量体系系统中绘制 Nyquist 图时,为什么会出现圆心下沉现象?

(3) 金属钝化前后其腐蚀速率有何变化?

实验 25　线性扫描伏安法测定废水中的镉离子

一、实验目的

(1) 了解线性扫描伏安法的特点和基本原理；

(2) 掌握线性扫描伏安法的定量分析方法。

二、实验原理

镉对人体健康的危害主要来源于电池、电镀、合金、油漆和塑料等的生产和使用所造成的环境污染。职业人群镉暴露的主要途径是呼吸道吸入。对作业场所空气中镉的浓度进行监测并控制在允许范围之内，是保护工人健康的一个重要手段。镉对肾、肺、肝、睾丸、脑、骨骼及血液系统均可产生毒性，被美国毒物管理委员会列为第六位危及人体健康的有毒物质。环境中的镉不能生物降解，随着工农业生产的发展，受污染的镉含量也逐年上升。

线性扫描伏安法是将线性电位扫描(电位与时间为线性关系)施加于电解池的工作电极和辅助电极之间。工作电极是可极化的微电极，如滴汞电极、静汞电极或其他固体电极；而辅助电极和参比电极则具有相对大的表面积，是不可极化电极。常用的电位扫描速率介于 0.001～0.1 $V \cdot s^{-1}$。可单次扫描或多次扫描。

对于可逆电极反应，伏安曲线上的峰电流 i_p 可表示为

$$i_p = 2.69 \times 10^5 n^{\frac{3}{2}} A D_o^{\frac{1}{2}} v^{\frac{1}{2}} c_o^* \ (25\ ℃) \qquad (1)$$

式中　i_p——峰电流，A；

n——电极反应的得失电子数；

A——电极的真实表面积，cm^2；

D_o——反应物的扩散系数，$cm^2 \cdot s^{-1}$；

c_o^*——反应物的初始浓度，$mol \cdot cm^{-3}$；

v——扫描速率，$V \cdot s^{-1}$。

由式(1) 可以看出，峰电流 i_p 与溶液中反应物的初始浓度 c_o^* 成正比，由此可以进行反应物浓度的定量分析。

Cd^{2+} 在多种底液中都有良好的极普波。本实验采用 1.0 $mol \cdot L^{-1}$ HCl 作底液，在 −0.3～−0.8 V 进行线性扫描，Cd^{2+} 在汞膜电极上发生如下电极反应：

$$Cd^{2+} + 2e^- + Hg \xlongequal{} Cd(Hg) \quad E_{1/2} = -0.67\ V\ (vs.\ SCE)$$

三、仪器、试剂与材料

1. 仪器

CHI760B 电化学工作站。

2. 试剂与材料

汞(分析纯)；2mol $\cdot L^{-1}$ HCl 溶液；0.5 mg $\cdot mL^{-1}$ Cd^{2+} 标准溶液；含 Cd^{2+} 的废水样(已含 1.0 mol $\cdot L^{-1}$ HCl)，金圆盘电极，三电极系统：汞膜电极(工作电极)，Ag-AgCl 电极(参比电极)，铂电极(对电极)。

四、操作步骤

1. 汞膜电极的制备

① 将金圆盘电极(直径 1 mm)在金相砂纸上打磨、抛光，使露出金表面。

② 抛光后的金电极在二次水中超声波清洗 5 min。

③ 将清洗干净的金电极端面浸入储汞瓶的汞中 30 s 后，轻轻搅动金电极，取出，即可见金盘电极的端面上蘸涂了一层汞膜。

④ 将该蘸汞电极置于空白底液中，在 −0.30～−0.80 V 电位范围内循环扫描 5 周，浸泡在二次水中备用。

2. 实验参数设置

依次打开计算机、电化学工作站主机的电源。将工作电极、参比电极和辅助电极连线与电化学检测池的对应电极正确连接。电化学工作站预热 10 min。打开 CHI760B 电化学工作站。参数的设置通过依次点击菜单栏项目完成，具体如下：

Setup→Technique→Linear Sweep Voltammetry→OK

表示选中“线性扫描伏安法”实验技术。

再点击“Setup”菜单栏和“Parameters”，进入实验参数选择对话框，参数选择如下：

Init E(V)	(−0.30) 起始电位
Final E(V)	(−0.80)终止电位
Scan Rate($V \cdot s^{-1}$)	(0.05)扫描速率
Sampling Interval (V)	(0.001)采样间隔
Quiet time (Sec)	(30)静止时间
Sensitivity	(5.0×10^{-6})灵敏度

点击“OK”，此时软件部分设置完毕，准备进行样品测试工作。

3. 测量

① 取 5 个 50 mL 容量瓶，用吸量管分别准确加入 0、2 mL、4 mL、6 mL、8 mL Cd^{2+} 标准溶液，再向各瓶中分别加入 25 mL 2 $mol \cdot L^{-1}$ HCl 溶液，用水稀释至刻度，摇匀。

② 溶液按由稀至浓的顺序依次倒入电解池中进行测定。点击“电化学工作站”工具栏上的“Run”图标，电位扫描过程开始。扫描结束后，点击工具栏中的“Data Plot”图标，这时将自动给出伏安峰的“E_p-i_p”等数据。每个样品溶液测三次，取其平均值作为峰电流数据。点击“Save as”图标将伏安图保存在指定的目录下。点击“Convolution”→“Semi”→“Derivative”进行伏安数据的半微分处理，记录峰高。

③ 测定 Cd^{2+} 的废水样(未知液已含 HCl 支持电解质，可直接倾入电解池进行测定)。

五、数据处理

(1) 绘出电流-电压关系曲线。

(2) 绘出峰电流值与浓度关系曲线。

(3) 根据加入标准液前后测取的峰高值以及所加入的镉离子标准溶液的体积和浓度，计算镉的百分含量。注：《工业“三废”排放试行标准》规定废水中镉含量不得超过 0.1 $mg \cdot L^{-1}$。

六、思考题

(1) 线性扫描伏安法用于定量分析的理论依据是什么?

(2) 测定时为什么溶液要从低浓度到高浓度进行?

实验 26 $K_4Fe(CN)_6/K_3Fe(CN)_6$体系旋转圆盘电极动力学参数的测定

一、实验目的

(1) 掌握旋转圆盘电极的实验技术；

(2) 学会运用旋转圆盘电极实验方法测定电化学动力学参数；

(3) 学会运用旋转圆盘电极建立电化学分析方法。

二、实验原理

电化学反应过程通常由反应物和产物的传质步骤或电荷转移步骤所控制。为了测定电化学反应的动力学参数，必须通过测量技术和数学处理，突出某一控制步骤，忽略另一个控制步骤。例如，为了测量传质过程的动力学参数、扩散系数(D)，必须使电化学反应过程由传质步骤控制。反之，为了测量电极反应过程的动力参数，如交换电流密度 i、电子转移系数 α 和标准反应动力学常数 K，必须使整个电化学反应过程由电荷转移步骤控制。旋转圆盘电极由于其电极转速可以准确控制，通过测量不同转速下的伏安曲线，做必要的数学处理，突出某一步骤，求得动力学参数。此外，在一定转速下，旋转圆盘电极反应的极限电流和反应物浓度存在线性关系。因此，旋转圆盘电极也是一种常用的、稳定的电化学分析方法。各参数求取的方法原理如下：

(1) 传质控制条件下 $K_4Fe(CN)_6/K_3Fe(CN)_6$ 体系扩散系数 D_R 和 D_O 的测定

Levich 给出旋转圆盘电极的流体力学的解，在旋转圆盘体系中，扩散层厚度(δ_d)与旋转圆盘的角速度(ω)的方程如下：

$$\delta = 1.62\nu^{1/6}D^{1/3}\omega^{-1/2} \tag{1}$$

式中 ν——溶液的运动黏度，$cm^2 \cdot s^{-1}$；

ω——旋转圆盘电极转动速度，$rad \cdot s^{-1}$；

D_o——溶液中物质的扩散系数，$cm^2 \cdot s^{-1}$；

δ_d——扩散层厚度，cm。

在传质控制的条件下，旋转圆盘电极反应的极限电流(i_l)与转动角速度(ω)的关系方程如下：

$$i_l = 0.62nFD_o^{2/3}\nu^{-1/6}\omega^{1/2}c_0 \tag{2}$$

式中 n——电极反应电子数；

F——法拉第常数；

c_0——反应浓度，$mol \cdot cm^{-3}$；

i_l——电极反应的极限电流，$A \cdot cm^{-2}$。

在体系反应物浓度 c_0、溶液运动黏度 ν 和溶液中物质的扩散系数 D 不变的条件下，可测得不同转速下反应电流 i 和超电位 η 的关系曲线。从曲线中可取得不同转速下的极限电流 i_l，并以此电流对 $\omega^{-1/2}$ 作图，从图中的斜率可以求得 $K_4Fe(CN)_6/K_3Fe(CN)_6$ 体系扩散系数 D_R、D_o。

(2) 传质过程和电荷转移过程混合控制条件下体系交换电流 i^0、电子传递系数 α 和标准反应速率常数 K 的测定

对于一个简单的一级反应：$Ox + ne \rightleftharpoons Red$，电极反应电流方程为：

$$\frac{1}{i} = \frac{1}{i_0\left[\exp(\frac{\alpha nF}{RT}\eta) - \exp(\frac{-\beta nF}{RT}\eta)\right]} + \lambda\omega^{-1/2} \tag{3}$$

式中 η——电极反应的超电势，V；

i_0——电极反应交换电流密度，$A \cdot cm^{-2}$；

α，β——电子转移系数。

若令 $i_{NC} = i_0\left[\exp(\frac{\alpha nF}{RT}\eta) - \exp(\frac{-\beta nF}{RT}\eta)\right]$为电极电活化控制电流，则式(3)可写为：

$$\frac{1}{i} = \frac{1}{i_{NC}} + \lambda\omega^{-1/2} \tag{4}$$

在未达到极限的条件下，取 6 个不同超电位下的一组 $\omega^{-1/2}$ 和 $1/i$ 的对应值作图，并外推至 $\omega^{-1/2}$ 为零，可以求得该电位下电极活化控制电流 i_{NC}。

若将 $i_{NC}=i_0\left[\exp(\frac{\alpha nF}{RT}\eta)-\exp(\frac{-\beta nF}{RT}\eta)\right]$两边取对数，并以 $\alpha+\beta=1$ 的条件代入可得：

$$\ln\left[\frac{i_{NC}}{1-\exp(\frac{-nF}{RT}\eta)}\right]=\ln i_0+\frac{\alpha nF}{RT}\eta \tag{5}$$

以 $\ln\left[\frac{i_{NC}}{1-\exp(\frac{-nF}{RT}\eta)}\right]$对 η 作图，由直线在 $\eta=0$ 处的纵坐标的反对数求得 i_0 值，由直线的斜率求得 α 值，再从方程 $i_0=nFK\ (c_o)^{1-\alpha}(c_R)^{\alpha}$ 求得 K。

(3) 极限电流与反应物浓度线性关系曲线的测定

在传质控制的极限条件下，Levich 方程为：

$$i_l=0.62nFD^{2/3}\nu^{-1/6}\omega^{1/2}c_0 \tag{6}$$

若旋转圆盘电极的角速度 ω 固定，又将 n、F、D 和 ν 视为常数，则电极反应的极限电流 i_l 与反应物的浓度 c_0 成正比。测定一组不同浓度下的 $K_4Fe(CN)_6/K_3Fe(CN)_6$ 体系的极限电流，可以做出 $K_4Fe(CN)_6/K_3Fe(CN)_6$ 浓度与极限电流关系的工作曲线。

(4) 半波电位 $\varphi_{1/2}$ 的测定

对一个氧化态和还原态均为离子形态的可逆过程，其半波电位可以用下列方程表示：

$$\begin{aligned}\varphi_c&=\varphi_{1/2}+\frac{RT}{nF}\ln\frac{(I_l)_c-I}{I}\\ \varphi_a&=\varphi_{1/2}+\frac{RT}{nF}\ln\frac{I}{I-(I_l)_a}\end{aligned} \tag{7}$$

因此，通过测定阳极过程或阴极过程半波电流对应的电位可以求得该氧化/还原体系的半波电位。

三、仪器、试剂与材料

1. 仪器

CHI660A 电化学工作站，电解槽系统，旋转圆盘电极(工作电极)，饱和甘汞电极(参比电极)，铂片(辅助电极)。

2. 试剂与材料

不同浓度的 $K_4Fe(CN)_6$ 溶液(分析纯)和 $K_3Fe(CN)_6$ 溶液(分析纯)。

四、实验步骤

1. 电化学动力学参数的测定

① 配制 1×10^{-2} mol·L^{-1} $K_4Fe(CN)_6$ + 1×10^{-2} mol·L^{-1} $K_3Fe(CN)_6$ 的 1 mol·L^{-1} KCl 溶液 100 mL 置于电解槽中。

② 选定 6 个不同的转速,打开 CHI660A 电化学工作站的(Setup)下拉菜单,在 Technique 项选择 Tafel Plot 方法,在 Parameters 项内选择参数:扫描速率为 10 mV·s^{-1},扫描范围为 −0.1～+0.5 V(vs. SCE)。测定一组不同转速下旋转圆盘电极在(1×10^{-2} mol·L^{-1} $K_4Fe(CN)_6$ + 1×10^{-2} mol·L^{-1} $K_3Fe(CN)_6$)溶液中的线性扫描伏安曲线。扫描速率和扫描范围如上述。

③ 由步骤②的极化曲线获得的数据作图并进行数据处理,求得 $K_3Fe(CN)_6$ 的扩散系数 D_O 和 $K_4Fe(CN)_6$ 的扩散系数 D_R、电子转移系数 α、电极反应交换电流 i^0 和标准反应速率常数 K。

2. 极限电流和浓度关系的测量

① 分别配制 2.0×10^{-4} mol·L^{-1} $K_4Fe(CN)_6$ + 2.0×10^{-4} mol·L^{-1} $K_3Fe(CN)_6$、4.0×10^{-4} mol·L^{-1} $K_4Fe(CN)_6$ + 4.0×10^{-4} mol·L^{-1} $K_3Fe(CN)_6$、6.0×10^{-4} mol·L^{-1} $K_4Fe(CN)_6$ + 6.0×10^{-4} mol·L^{-1} $K_3Fe(CN)_6$、8.0×10^{-4} mol·L^{-1} $K_4Fe(CN)_6$ + 8.0×10^{-4} mol·L^{-1} $K_3Fe(CN)_6$ 的 1 mol·L^{-1} KCl 溶液各 100 mL。

② 选一个转速,扫描速率和扫描范围设定同步骤 1,测定上述①各溶液在旋转圆盘电极上的极化曲线。

③ 取②测得的各浓度下的极限电流对浓度作图,绘制极限电流与 $K_4Fe(CN)_6/K_3Fe(CN)_6$ 的浓度关系曲线。

3. 半波电位的测定

① 配制 8.0×10^{-4} mol·L^{-1} $K_4Fe(CN)_6$ + 8.0×10^{-4} mol·L^{-1} $K_3Fe(CN)_6$,8.0×10^{-4} mol·L^{-1} $K_4Fe(CN)_6$ + 8.0×10^{-4} mol·L^{-1} $K_3Fe(CN)_6$ 的 1 mol·L^{-1} KCl 溶液和纯 1 mol·L^{-1} KCl 溶液各 100 mL。

② 选定一个转速，扫描速率和扫描范围设定同步骤 1，测定①中各溶液在旋转圆盘电极上的极化曲线。

③ 求②中各曲线上半波电流对应的电位并进行比较。

五、数据记录与处理

(1) 不同转速下的极限电流 i_l 与旋转圆盘电极转速 $\omega^{-1/2}$ 关系。

(2) 取 6 个不同超电位 η 下的一组 $\omega^{-1/2}$ 和 $1/i$ 的对应值作图并外推至 $\omega^{-1/2}$ 为零时的 $1/i$ 值。

(3) 求某一转速下旋转圆盘电极的极限电流 i_l 与 $K_4Fe(CN)_6$、$K_3Fe(CN)_6$ 的浓度关系。

(4) 按实验步骤 3 测定半波电位 $\varphi_{1/2}$。

六、注意事项

(1) 先在等效电路上熟悉仪器后再进行实际系统测量。

(2) 调整好旋转圆盘电极、参比电极、辅助电极及电解槽的相对位置，以免电极在旋转过程中受损坏。

(3) 旋转圆盘电极转速的选定，应满足扩散层的厚度 δ_d 远小于边界层的厚度，并且雷诺数小于 10^5。

(4) $K_4Fe(CN)_6$ 溶液易发生氧化，操作过程应注意。

(5) 数据处理时，电子反应数 $n=1$，溶液运动黏度 $\nu=10^{-2}\ cm^2 \cdot s^{-1}$，反应物浓度的量纲为 $mol \cdot mL^{-1}$。

七、思考题

(1) 比较测得的 $K_3Fe(CN)_6$ 的扩散系数 D_o 值和 $K_4Fe(CN)_6$ 的扩散系数 D_R 值的大小，并说明理由。

(2) 应分别选择什么电位区的电流数据来测定扩散系数 D、电子转移数 α 和交换电流 i_0？

实验27 电势—pH曲线的测定

一、实验目的

(1) 掌握电极电势、电池电动势及pH值的测定原理和方法；

(2) 了解电势—pH图的意义及应用；

(3) 测定Fe^{3+}/Fe^{2+}-EDTA溶液在不同pH值条件下的电极电势，绘制电势—pH曲线。

二、实验原理

很多氧化还原反应不仅与溶液中离子的浓度有关，而且与溶液的pH值有关，即电极电势与浓度和酸度成函数关系。如果指定溶液的浓度，则电极电势只与溶液的pH值有关。在改变溶液的pH值时测定溶液的电极电势，然后以电极电势对pH作图，这样就可得到等温、等浓度的电势φ—pH曲线。

对于Fe^{3+}/Fe^{2+}-EDTA配合体系在不同的pH值范围内，其络合产物不同，以Y^{4-}代表EDTA酸根离子。我们将在三个不同pH值的区间来讨论其电极电势的变化。

(1) 高pH值时电极反应为：

$$Fe(OH)Y^{2-}+e \rightleftharpoons FeY^{2-}+OH^{-} \tag{1}$$

根据Nernst方程，其电极电势为：

$$\varphi=\varphi^{\ominus}-\frac{RT}{F}\ln\frac{\alpha_{FeY^{2-}}\cdot\alpha_{OH^{-}}}{\alpha_{Fe(OH)Y^{2-}}} \tag{2}$$

稀溶液中水的活度积K_w可看作水的离子积，又根据pH定义，则上式可写成：

$$\varphi=\varphi^{\ominus}-b_1-\frac{RT}{F}\ln\frac{m_{FeY^{2-}}}{m_{Fe(OH)Y^{2-}}}-\frac{2.303RT}{F}pH \tag{3}$$

式中，$b_1=\frac{RT}{F}\ln\frac{\gamma_{FeY^{2-}}\cdot K_w}{\gamma_{Fe(OH)Y^{2-}}}$，在溶液离子强度和温度一定时，$b_1$为常数。

在 EDTA 过量时，生成的络合物的浓度可近似看作为配制溶液时铁离子的浓度。即 $m_{FeY^{2-}}\approx m_{Fe^{2+}}$，$m_{Fe(OH)Y^{2-}}\approx m_{Fe^{3+}}$。当$\frac{m_{Fe^{2+}}}{m_{Fe^{3+}}}$不变时，$\varphi$ 与 pH 呈线性关系，如图 3-7 中的 ab 段。

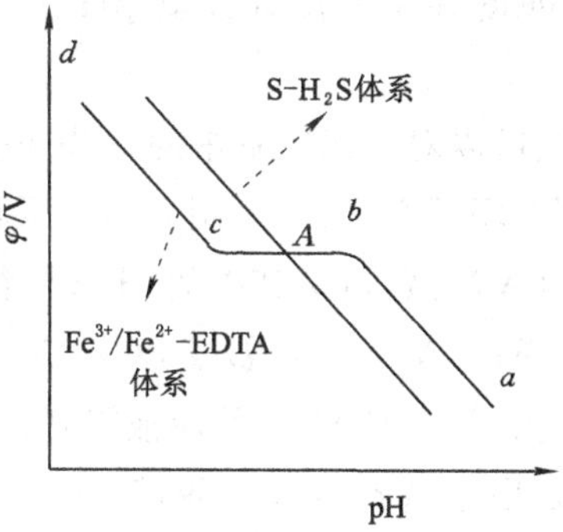

图 3-7　φ—pH 曲线

(2) 在特定的 pH 值范围内，Fe^{2+} 和 Fe^{3+} 与 EDTA 生成稳定的络合物 FeY^{2-} 和 FeY^-，其电极反应为：

$$FeY^- + e \rightleftharpoons FeY^{2-} \tag{4}$$

其电极电势为：

$$\varphi=\varphi^{\ominus}-\frac{RT}{F}\ln\frac{\alpha_{FeY^{2-}}}{\alpha_{FeY^-}} \tag{5}$$

由 $\alpha=m\cdot\gamma$ 可得：

$$\varphi=\varphi^{\ominus}-\frac{RT}{F}\ln\frac{\gamma_{FeY^{2-}}}{\gamma_{FeY^-}}-\frac{RT}{F}\ln\frac{m_{FeY^{2-}}}{m_{FeY^-}}=\varphi^{\ominus}-b_2-\frac{RT}{F}\ln\frac{m_{FeY^{2-}}}{m_{FeY^-}} \tag{6}$$

式中，$b_2=\frac{RT}{F}\ln\frac{\gamma_{FeY^{2-}}}{\gamma_{FeY^-}}$。

当溶液离子强度和温度一定时，b_2为常数。在此 pH 值范围内，该体系的电极电势只与$\frac{m_{FeY^{2-}}}{m_{FeY^-}}$的比值有关，曲线中出现平台区(图 3-7 中 bc 段)。

(3) 低 pH 值时的电极反应为：

$$FeY^- + H^+ + e \rightleftharpoons FeHY^- \tag{7}$$

则可求得：

$$\varphi = \varphi^{\ominus} - b_2 - \frac{RT}{F}\ln\frac{m_{FeH^-}}{m_{FeY^-}} - \frac{2.303RT}{F}pH \tag{8}$$

在$\frac{m_{Fe^{2+}}}{m_{Fe^{3+}}}$不变时，$\varphi$ 与 pH 呈线性关系，如图 3-7 中的 cd 段。

用惰性金属电极与参比电极组成电池，监测测定体系的电极电势。用酸、碱溶液调节溶液的酸度并用酸度计监测 pH 值，可绘制出电势—pH 曲线。

利用电势—pH 曲线可以对溶液体系中的一些平衡问题进行研究。本实验所讨论的 Fe^{3+}/Fe^{2+}-EDTA 体系，可用于消除天然气中的 H_2S 气体。将天然气通入 Fe^{3+}-EDTA 溶液，可将其中的 H_2S 气体氧化为元素硫而除去，同时溶液中的 Fe^{3+}-EDTA 络合物被还原为 Fe^{2+}-EDTA。再通入空气，将 Fe^{2+}-EDTA 氧化为 Fe^{3+}-EDTA，使溶液得到再生而循环使用。

电势—pH 曲线可以用于选择合适的脱硫 pH 值条件。例如，低含硫天然气中的 H_2S 含量约为 0.1～0.6 $g \cdot m^{-3}$，在 25 ℃时相应的 H_2S 气体分压为 7.29～43.56 Pa。根据电极反应：

$$S + 2H^+ + 2e^- = H_2S(g) \tag{9}$$

在 25 ℃ 时，其相当于饱和甘汞电极的电极电势为：

$$\varphi = -0.072 - 0.002\ 96\ \lg\frac{p_{H_2S}}{p^0} - 0.059\ 1\ pH \tag{10}$$

将该电极电势与 pH 值的关系及 Fe^{3+}/Fe^{2+}-EDTA 体系的电势—pH 曲线绘制在同一坐标中，如图 3-7 所示。从图 3-7 中可以看出，在曲线平台区，对于具有一定浓度的脱硫液，其电极电势与式(9)所示反应的电极电势之差随着 pH 值的增大而增大，到平台区的 pH 上限时，两电极电势的差值最大，超过此 pH 值，两电极电势之差值不再增大而为定值。由此可知，对指定浓度的脱硫液，脱硫的热力学趋势在它的电极电势平台区 pH 上限为最大，超过此 pH 值，脱硫趋势不再随 pH 值的增大而增大。图 3-7 中大于或等于 A 点的 pH 值，是该体系脱硫的合适条件。当然，脱硫液的 pH 值不能太大，否则可能会产生 $Fe(OH)_3$ 沉淀。

三、仪器、试剂与材料

1. 仪器

SDC-Ⅲ型数字综合电位差分析仪，pHS-3C 型精密酸度计，超级恒温槽，磁力搅拌器，铂电极，甘汞电极，复合电极，氮气钢瓶，恒温反应瓶。

2. 试剂与材料

$(NH_4)_2Fe(SO_4)_2 \cdot 6H_2O$（分析纯），$NH_4Fe(SO_4)_2 \cdot 12H_2O$（分析纯），EDTA 二钠盐（分析纯），NaOH（分析纯），4 $mol \cdot L^{-1}$ HCl 溶液，2 $mol \cdot L^{-1}$ NaOH 溶液。

四、实验步骤

1. 配制溶液

将反应瓶置于磁力搅拌器上，加入搅拌子，接通恒温水，调节超级恒温槽使温度恒温于 25 ℃。向反应瓶中加入 100 mL 蒸馏水，称取 EDTA 二钠盐 7.44 g 和 NaOH 1 g，加入反应瓶中。开启搅拌器，待 EDTA 完全溶解后，通入氮气。

称取$(NH_4)Fe(SO_4)_2 \cdot 12H_2O$ 1.45 g，加入恒温瓶中，搅拌使之完全溶解。再称取$(NH_4)_2Fe(SO_4)_2 \cdot 6H_2O$ 1.18 g，加入恒温瓶中，同样搅拌至完全溶解。此溶液中含 EDTA 0.2 $mol \cdot L^{-1}$，Fe^{3+} 0.03 $mol \cdot L^{-1}$，Fe^{2+} 0.03 $mol \cdot L^{-1}$。

2. 连接装置

利用标准缓冲溶液校正酸度计。

在反应瓶盖上分别插入铂电极、甘汞电极和复合电极，连接酸度计和综合电位分析仪。

在搅拌情况下用滴管从加液孔缓缓加入 2 $mol \cdot L^{-1}$ NaOH 溶液，调节溶液 pH 值至 8 左右，调节综合电位分析仪，测定当前电池电动势值。

3. 测定电势—pH 关系

从加液孔中加入 4 $mol \cdot L^{-1}$ HCl 溶液，使溶液 pH 值改变约 0.3，等酸度计读数稳定后，调节综合电位分析仪，分别读取 pH 值和电池电动势值。

继续滴加 HCl 溶液，在 pH 值每改变 0.3 时读取一组数据，直到溶液的 pH 值低于 2.5 为止。

测定完毕后，取出电极，清洗干净并妥善保存，关闭恒温槽，拆解实验装置，洗净反应瓶。

五、注意事项

(1) 反应瓶盖上连接的装置较多，操作时要注意安全。

(2) 在用 NaOH 溶液调 pH 值时，要缓慢加入，并适当提高搅拌速度，以免产生 $Fe(OH)_3$沉淀。

六、数据记录与处理

本实验记录一组溶液 pH-电动势数据。

将实验数据输入计算机，根据测得的电池电动势和饱和甘汞电极的电极电势计算 Fe^{3+}/Fe^{2+}-EDTA 体系的电极电势，其中饱和甘汞电极的电极电势按式(11)进行温度校正：

$$\varphi_{饱和甘汞}/V = 0.241\,5 - 7.61 \times 10^{-4}(T/K - 298) \quad (1)$$

用绘图软件绘制电势 φ—pH 曲线，由曲线确定 FeY^- 和 FeY^{2-} 稳定存在时的 pH 范围。

七、思考题

(1) 写出 Fe^{3+}/Fe^{2+}-EDTA 体系在电势平台区、低 pH 值和高 pH 值时体系的基本电极反应及其所对应的电极电势公式的具体形式，并指出各项的物理意义。

(2) 如果改变溶液中 Fe^{3+} 和 Fe^{2+} 的用量，则电势—pH 曲线将会发生什么样的变化？

实验28　电化学法在聚苯胺聚合与降解研究中的应用

一、实验目的

(1) 熟悉和掌握循环伏安法、单电位阶跃计时电流法、单电流阶跃计时电位法的基本原理及在聚苯胺的电化学聚合及降解研究中的应用；

(2) 了解聚苯胺的聚合机理、降解现象、性质以及可能的应用前景。

二、实验原理

聚苯胺的制备有化学法和电化学法，其中电化学法是一种简单而有效的方法。制备时常采用三电极系统，即工作电极、辅助电极与参比电极。工作电极一般用贵金属或碳类材料制作，铂电极和甘汞电极可分别作为辅助电极和参比电极。

制备时可选择不同波形的电压或电流作为激励行号，本实验采用循环伏安法、单电位阶跃计时电流法和单电流阶跃计时电位法，各种方法施加信号的方式简图及记录显示的信号曲线如图3-8所示。

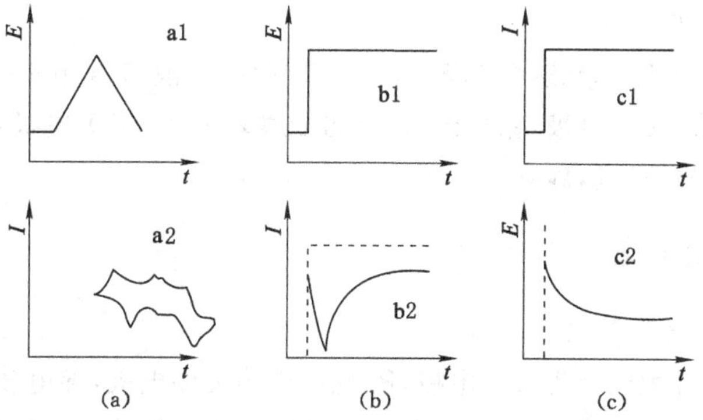

图3-8　电化学法

(a) 循环伏安法；(b) 单电位阶跃计时电流法；(c) 单电流阶跃计时电位法

a1、b1、c1 分别为循环伏安法、单电位阶跃计时电流法、单电流阶跃计时电位法施加电信号的方式简图；a2，b2，c2 分别为各方法相对应的信号曲线。

苯胺氧化的第一步是生成自由基阳离子，它与聚合介质的 pH 值无关，是聚合反应的速率控制步骤。自由基阳离子发生二聚反应产生对胺基二苯胺（头-尾二聚），可表示如下：

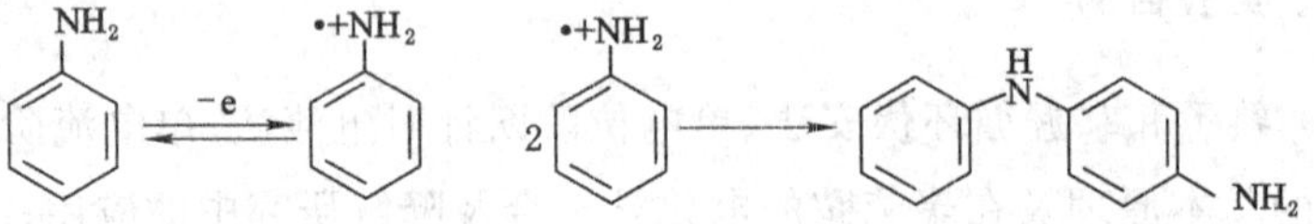

聚苯胺链的形成就是活性链端（—NH_2）反复进行这种反应，不断增长的结果。由于在酸性条件下聚苯胺链具有导电性质，保证了电子能通过聚苯胺链传导至阳极，使增长继续，只有当头-头偶合反应发生形成偶氮结构才使得聚合停止。

通过聚苯胺的循环伏安图以及聚苯胺循环扫描后的溶液的吸收光谱，很容易看出聚苯胺的降解现象。

三、仪器、试剂与材料

1. 仪器

CHI 电化学工作站，超声波清洗机，电解槽。

2. 试剂与材料

1.0 $mol \cdot L^{-1}$苯胺（含 0.5 $mol \cdot L^{-1}$硫酸）溶液，0.5 $mol \cdot L^{-1}$硫酸溶液，铬酸溶液，铂片电极，铂丝电极，铟锡金属氧化物（ITO）电极，石墨电极，饱和甘汞电极，氮气，砂纸。

四、操作步骤

1. 电解槽的装配

以饱和甘汞电极为参比电极，Pt 丝电极为辅助电极，导电玻璃（经过超声波清洗仪清洗过的玻璃片）为研究电极组成三电极体系。将各导线与各电极接好（绿色接工作电极，白色接参比电极，红色接辅助电极），插入装有已配置好的苯胺溶液的小烧杯中（注意溶液不能淹没导电夹，三个电极不能接触)。

2. 循环伏安法

(1) 取 0.1 mol·L^{-1} 苯胺溶液 20 mL 左右置于 50 mL 烧杯中,通氮除氧 10 min 左右,以铂丝电极为工作电极(铂电极在使用前要在铬酸溶液中处理,然后再超声波清洗),铂电极为辅助电极,饱和甘汞电极为参比电极,根据如下参数(参数可自行设置)记录无限循环伏安图。

初始电位:−0.2 V;采样间隔:0.02 s;等待时间:2 s;低电位:−0.2 V;高电位:1.0 V;扫描速率:50 mV·s^{-1};循环次数:11。

(2) 聚合完毕后,取出电极(工作电极、辅助电极和参比电极),用蒸馏水轻轻冲洗一下,放入 0.5 mol·L^{-1} 硫酸的空白溶液中,用上述同样的方法与参数扫描 30 次,观察循环伏安曲线的变化趋势。

(3) 将(2) 中的溶液作紫外-可见吸收光谱测定,以 0.5 mol·L^{-1} 硫酸溶液作参比液。

(4) 另取 25 mL 0.1 mol·L^{-1} 苯胺(含 0.5 mol·L^{-1} 硫酸)溶液,以 ITO 电极为工作电极,参比电极和辅助电极不变,加扫描电位聚合,观察聚苯胺颜色随扫描电位变化情况。

3. 单电位阶跃计时电流法

本方法要求学生通过实验摸索合适的实验参数制备出聚苯胺,并观察显示的电流-时间曲线是否与图 3-8 中的 b2 类似。

4. 单电流阶跃计时电位法

本方法要求学生通过实验摸索合适的实验参数制备出聚苯胺,并观察显示的电位-时间曲线是否与图 3-8 中的 c2 类似。

五、数据处理

(1) 绘制循环伏安法聚合时显示的循环伏安图,从先后出现的 I—E 曲线的形状、氧化还原峰数及峰高的增加幅度了解苯胺的聚合过程,说明其可能的反应机理。

(2) 绘制苯胺聚合时的循环伏安曲线、聚苯胺在空白溶液中的循环伏安曲线及紫外-可见吸收光谱图,说明聚苯胺的降解现象。

六、思考题

(1) 为什么导电玻璃要在聚合前认真仔细的处理?

(2) 什么是修饰电极?

(3) 聚苯胺光学吸收的原理是什么?

(4) 聚苯胺的颜色如何变化? 有什么特点?

(5) 根据你的实验结果,说说聚苯胺可能具备哪些性质,有什么潜在的应用?

(6) 若在此条件下电流效率 100%,计算用单电位阶跃计时电流法和单电流阶跃计时电位法合成时各生成多少聚苯胺。

实验29　镍镀层耐蚀性的评定

一、实验目的

(1) 掌握中性盐雾试验评定镀层耐蚀性等级的方法；
(2) 了解中性盐雾试验的适用范围、试验设备及条件；
(3) 评定钢铁基体上镍镀层的耐蚀性。

二、实验原理

金属镀层的人工加速腐蚀试验，主要是为了快速鉴定金属镀层的质量，如孔隙率、厚度是否达到要求，镀层是否有缺陷，镀前处理和镀后处理的质量等，同时也用来比较不同镀层抗大气腐蚀的性能。人工加速试验的腐蚀条件，应能保证镀层的腐蚀特征和大气条件下的腐蚀过程相仿，它有别于化学工业气体和化学溶液的直接腐蚀。

1. 适用范围

它适用于防护性镀层(如镀锌层、镀镍层等)的质量鉴定和同一镀层的工艺质量比较，但不能作为镀层在所有使用环境中的抗腐蚀性能的依据。

2. 溶液组分

常用的有以下几种：① 3%氯化钠溶液；② 5%氯化钠溶液；③ 20%氯化钠溶液；④ 人造海水溶液。其中3%和5%氯化钠溶液使用广泛。

三、仪器、试剂与材料

1. 仪器

盐雾试验箱，酸度计，计时器，过滤装置，量筒。

2. 试剂与材料

乙醇(化学纯)，氯化钠(化学纯)，盐酸(化学纯)，氢氧化钠(化学纯)。

四、实验内容

1. 试验溶液的配制

将化学纯的氯化钠溶于蒸馏水中，其浓度为50 g·L^{-1}，溶液的pH值为6.5～7.2，使用前需过滤。

2. 试验条件

试验温度：35 ℃；相对湿度＞95％；盐水溶液pH：6.5～7.2；喷雾量1～2 mL·h^{-1}（每80 cm^2）；喷雾时间：连续喷雾；喷嘴压力：0.8～1.4 kg·cm^{-2}。

3. 测试

（1）同样试样至少3件，但也可根据具体条件确定。

（2）试验前必须对试样进行洁净处理，但不得损坏镀层及镀层上的钝化膜。

（3）试样在盐雾箱中一般与垂线成15°角放置。

（4）同一次试验放置方法应相同，试样间距不得小于20 mm。

（5）喷雾时间：2 h。

4. 等级评定

试验结束后，用流动冷水冲洗试样表面上沉积的盐雾，干燥后进行外观检查和腐蚀等级的评定。

五、实验结果及数据处理

1. 实验记录

（1）试验后的外观；

（2）去除腐蚀产物后的外观；

（3）腐蚀缺陷，如点蚀、裂纹、气泡等的分布和数量。

2. 评定方法

采用GB 6461标准所规定的方法进行评定。将透明的划有方格的有机玻璃板或塑料薄膜覆盖在测试镀层的主要表面上，则镀层主要表面被划分成若干方格，数出方格总数，假设为N，并数出镀层经过腐蚀试验后有腐蚀点的方格数，设为n，则其腐蚀率计算如下：

$$腐蚀率=n/N\times100\%$$

若有10个或10个以上的腐蚀点包含在任意两个相邻的方格中，或有任何腐蚀点的面积大于2.5 mm^2，则此试样不能进行评级。评定级别中，10级最好，0级最差。

根据基体腐蚀和镀层腐蚀又可分为基体耐蚀和镀层耐蚀。常见的腐蚀现象有：① 电镀钢铁件——呈现红色；② 电镀锌压铸件——呈现白色腐蚀产物或起泡；③ 阳极氧化铝件——呈现腐蚀点或腐蚀产物。

按照表3-3所列参数对样品腐蚀率进行级别确定。

表3-3　　样品腐蚀率及其对应的评定标准

腐蚀率/%	评定级数	腐蚀率	评定级数
0(无腐蚀点)	10	4～8	4
0～0.25	9	8～16	3
0.25～0.5	8	16～32	2
0.5～1	7	32～64	1
1～2	6	>64	0
2～4	5		

对产品形状复杂的小零件，在进行腐蚀评价有困难时，允许以“个”数来评定。

良好：① 色泽无变化或轻微变暗；② 镀层和基体金属无腐蚀。

合格：① 色泽暗淡，镀层已出现连续的均匀或不均匀氧化膜；② 镀层腐蚀面积小于3%。

不合格：① 镀层腐蚀面积大于3%(不包括3%在内)；② 基体金属出现锈点。

六、注意事项

(1) 盐雾不得直接喷射在试样上，箱室顶部的凝聚盐水液不得滴在试样上，从设备四壁落下的液滴不得重新使用。

(2) 试样应在腐蚀试验完毕并进行处理后立即检查，如有必要，须将腐蚀介质的残余物除去，此时可用流动水冲洗之后再做检查。

(3) 在某些情况下需将腐蚀产物除去，可采用物理的方法，例如，用湿的棉花擦洗，但要小心不要损坏镀层，以便准确地评价腐蚀点。

(4) 凡要进行级别考核或 8 级以上考核的产品，其主要表面应大于等于 400 个考核面积，总面积相当于 1 dm^3 或以上，单个试件的面积较小者，则以多个总和以达到前述的面积。

七、思考题

(1) 在试验前可以采取哪些方法对试样进行洁净处理？

(2) 盐雾试验的局限性体现在哪些方面？

实验30　铝的阳极氧化与表面着色

一、实验目的

(1) 学习铝(或铝合金)的阳极氧化工艺,了解对金属表面处理的一般方法;

(2) 通过对阳极氧化原理的学习,自己设计一些实验方案,了解和探讨铝在阳极氧化过程中,影响氧化膜厚度和性能以及影响着色质量的各种因素。

二、实验背景

铝及铝合金具有密度小、比强度高、导电和导热性好、成型容易以及无低温脆性等优点,是一种综合性能优良的轻金属材料。目前,铝材在航空航天工业及建筑材料、交通工具、电子产品等领域中得到了广泛的应用。

但是,铝对氧的化学亲和力特别强,在大气中其表面总是被一层透明的氧化膜所覆盖。天然的铝氧化膜极薄,只有 $4\times10^{-3}\sim5\times10^{-3}$ μm,且孔隙率大,机械强度低,抗蚀和耐磨性都不能满足防腐蚀的需要。利用电化学方法,可使铝(或铝合金)表面生成致密的优质氧化膜,且膜较厚,其厚度可达几十至几百微米,能有效地提高铝的耐腐蚀性。另外,由于所形成的氧化膜存在均匀的孔隙,故可用有机染料进行染色处理,经封闭后色泽稳定,铝材的应用也更加广泛。这种使铝表面氧化的电化学工艺称为铝的阳极氧化。

根据氧化膜用途可以在阳极氧化的同时,再进行其他的工艺得到相应的氧化膜:如防护性氧化膜;防护-装饰性氧化膜(氧化后再着色);功能性氧化膜,如硬质氧化膜、自润滑氧化膜、导电氧化膜、绝缘氧化膜、磁性氧化膜、光吸收氧化膜及催化膜等。

三、实验原理

1. 铝的阳极氧化

实际生产中，可以将铝制品作阳极，以硫酸、铬酸、磷酸、草酸等为电解液进行阳极氧化，形成较厚的氧化膜。膜的主要成分是 Al_2O_3。其反应历程比较复杂，现在以 Al 为阳极、Pb 为阴极、H_2SO_4 溶液为电解液介绍其反应原理。电解时的电极反应为：

阴极反应 $$2H^+ + 2e \longrightarrow H_2\uparrow$$

阳极反应 $$Al - 3e \longrightarrow Al^{3+}$$

$$Al^{3+} + 3H_2O \longrightarrow Al(OH)_3 + 3H^+$$

$$Al(OH)_3 \longrightarrow Al_2O_3 + 3H_2O\ (\text{氧化膜形成})$$

阳极上的 Al 被氧化，在表面上形成一层氧化铝薄膜。不过，阳极反应生成的 H^+ 和电解液 H_2SO_4 中的 H^+ 都能使所形成的氧化膜发生溶解。

$$Al_2O_3 + 6H^+ \longrightarrow 2Al^{3+} + 3H_2O\ (\text{氧化膜溶解})$$

在硫酸电解液中进行阳极氧化时，作为阳极的铝制品，在阳极化初始的短暂时间内，其表面受到均匀氧化，生成极薄而又非常致密的膜。由于硫酸溶液的作用，膜的最弱点（如晶界、杂质密集点、晶格缺陷或结构变形处）发生局部溶解而出现大量孔隙，即原生氧化中心，使基体金属能与进入孔隙的电解液接触，电流也因此得以继续传导，新生成的氧离子则用来氧化新的金属，并以孔底为中心而展开，最后汇合，在旧膜与金属之间形成一层新膜，使得局部溶解的旧膜如同得到“修补”似的。随着氧化时间的延长，膜的不断溶解或修补，氧化反应得以向纵深发展，从而使制品表面生成由薄而致密的内层和厚而多孔的外层所组成的氧化膜。其内层（阻挡层、介电层、活性层）的厚度至氧化结束前基本都不变，位置却不断向深处推移，在一定的氧化时间内随时间而增厚。阳极氧化膜的生长是在膜的生成和溶解这一矛盾过程中发生和发展的。要使 Al_2O_3 氧化膜顺利形成，并达到一定厚度，必须使电极上氧化膜形成的速率大于氧化膜溶解的速率，这要通过控制一定的氧化条件来实现。如果是在强酸电解液中，阳极上的金属离子不断地从金属本体溶解，根本不能形成氧化膜；若在弱酸中，阳极产物在电解液中不溶解，则氧化膜很快形成并覆盖金属，电阻增大，使电化学反应不能正常进行从而不能形成所需厚度的氧化膜，所以要严格控制硫酸的浓度。

在氧化膜生长过程中，电渗现象是膜生长的必要条件之一。它使电解液在膜孔内不断循环更新，使多孔层不断增厚。

铝的阳极氧化和着色工艺要求形成的膜既有一定厚度，又要在膜上有均匀的孔隙，以保证电流的通过及将来着色。这是一个既有膜的生长又伴随着有膜的溶解的电极过程。由于膜的不断生长与加厚，电阻不断增加，从而使膜的生长速率渐缓，此时膜的形成速率与膜的溶解速率达到动态平衡，膜的厚度就不会变化了。

2. 铝氧化膜的封闭和着色

(1) 氧化膜着色

氧化膜的表面是由多孔层构成的，其比表面积大，具有很高的化学活性。利用这一特点，在阳极氧化膜表面可进行各种着色处理。着色的目的在于提高产品的装饰性和耐蚀性，同时给铝制品表面以各种功能性。

阳极氧化膜着色方法大体有三种类型：浸渍着色、电解着色和整体着色。本实验重点介绍浸渍着色。

氧化膜着色应在氧化结束后进行。将阳极氧化处理得到的新鲜氧化膜铝片直接用水冲洗干净，立即放入着色液中着色。着色时注意染料的纯度，水温约在 313.2～333.2 K 之间，不能太高。适当加热可加速染色，但水温太高会造成氧化膜的孔隙过早封闭，降低吸附染料的性能。着色液 pH 值在 4.5～7.0 之间为宜，着色时间视所需颜色的深浅而定。染色后的铝片经水冲洗干净后，再进行水封闭处理。

一般认为，浸渍着色的原理主要是氧化膜对色素体的物理吸附和化学吸附。无机盐浸渍着色主要是靠化学反应沉积在多孔层。有机染料的着色通常认为既有物理吸附也包括有机染料官能团与氧化铝发生络合反应形成。

影响氧化膜着色质量的因素主要有两方面：一是阳极氧化膜的质量；二是着色液的种类、浓度及处理条件。色泽随厚度而异，越厚色调越深；孔隙率要大，均匀。由于多孔膜的独特性质，除了将其应用于着色外，近年来有人利用其作为模板，在孔中填充金属或半导体材料，用来制备磁记录材料、功能电极、电学或光学器件等。

(2) 氧化膜的封闭处理

氧化膜的表面是多孔的[约为(7～9)亿个/cm^2]。这些孔隙可吸附染料,也可吸附结晶水。由于孔隙吸附性强,如不及时处理,也可能吸附杂质而被污染,所以要及时对其进行填充处理,从而提高多孔膜的强度等性能。封闭处理的方法很多,如沸水法、高压蒸气法、浸渍金属盐法和填充有机物(油、合成树脂)等。众多方法中应用最广的是沸水法。

沸水法是将铝片放入沸水中煮,其原理是利用无水三氧化二铝发生水化作用。

沸水封闭时,水的 pH 值应控制在 4.5～6.5 之间,时间一般为 10 min,煮沸后取出,放入无水酒精中数秒后再晾干。

$$Al_2O_3 + H_2O \longrightarrow Al_2O_3 \cdot H_2O$$

$$Al_2O_3 + 3H_2O \longrightarrow Al_2O_3 \cdot 3H_2O$$

由于氧化膜表面和孔壁的 Al_2O_3 水化的结果,氧化物体积增大,将孔隙封闭。沸水封闭时,水的 pH 值应控制在 4.5～6.5 之间,pH 值太高会造成“碱蚀”。煮沸用水为去离子水,时间一般为 10 min,煮沸后取出,放入无水酒精中数秒后再晾干。

3. 影响因素

可根据实验室具体条件,选取不同的影响因素分组进行探讨,其他因素取文献中最佳工艺。

(1) 电解液浓度

硫酸的浓度高,膜的溶解速率快,膜层薄,防护性能下降,但膜的孔隙率高,便于着色。硫酸的浓度低时则和上述相反。可以通过实验来探讨确定适宜的电解液浓度,兼顾防护和着色。实际生产中一般硫酸溶液浓度为 200～250 $g \cdot L^{-1}$。

(2) 阳极电流密度

较高的电流密度虽有利于膜厚度的增加,但容易造成铝片表面过热而使氧化膜疏松。可以通过实验来选择适宜的电流密度。实际生产中阳极电流密度 15～20 $A \cdot dm^{-2}$。

(3) 电解槽温度

槽温过高，会加速氧化膜的溶解；温度过低，膜层发脆，氧化耗时。应结合电流密度来选择适宜的槽温。

(4) 氧化时间

由于阳极上同时存在膜的形成和溶解两个过程，所以膜不会无限地增厚。铝的阳极氧化膜厚度一般不会超过 35 μm，膜的厚度与氧化时间的经验关系式要视具体的工艺条件来确定。如当硫酸的浓度为 200 $g \cdot L^{-1}$、电流密度为 1 $A \cdot cm^{-2}$、槽温在 283.2～293.2 K 时，膜厚 d(mm)与氧化时间 t(min)的经验关系为：

$$d = 0.28t \tag{1}$$

要注意，当工艺条件改变时，此关系式也会有所变化。

(5) 添加剂与杂质的影响

目前已知甘油、硫酸铵等可控制膜的弹性；铬酸盐、胶体等可提高膜的均匀性；适量 Al^{3+} 对膜形成有利，过量 Al^{3+} 会使膜变薄；适量的 Ni^{2+} 可以提高氧化速率，扩大电流密度及温度上限；杂质 Cl^{-} 会使膜产生腐蚀砂眼等。实验者应根据具体条件选择合适的添加剂以提高膜的性能，而尽量避免杂质的影响。

另外，搅拌、电流波形等外界条件也会对氧化膜的性质、外观等产生影响。根据实验室条件及课时安排，每组可以在上述各因素中选择 1～2 个加以探讨。

对不同条件下形成的氧化膜的性能及孔隙等进行评价，可以通过透射电镜(TEM)的平面形貌分析、扫描电镜(SEM)的横断形貌分析、俄歇电子光谱(AES)的浓度分析等测试手段进行。

就本实验来说，可以从三个方面粗略地检验氧化膜的性能：① 绝缘性能；② 耐腐蚀性实验；③ 测定氧化膜厚度。

本实验可以这样安排：① 对欲进行阳极氧化的铝片表面预处理；② 由影响氧化膜形成的因素入手来设计具体实验内容，对铝进行阳极氧化处理；③ 对已氧化好的铝片进行后处理(水封或着色后水封)；④ 对已处理的、形成氧化膜的铝片进行质量检验及膜厚测定。

三、仪器、试剂与材料

1. 仪器

电解槽，温度计，搅拌器（普通搅拌器），稳流电源，分析天平，镊子，万用电表，电炉，电吹风机，ZD-B智能电解测厚仪等。

2. 试剂与材料

① 电极：铝片、铅片或铂片；

② 铝表面预处理试剂：去污粉，3 mol · L^{-1}氢氧化钠溶液，2 mol · L^{-1}硝酸溶液；

化学抛光液配方：磷酸（70%）；硝酸（3%）；醋酸（12%）；水（15%），均为质量分数。

③ 电解液：25%的硫酸溶液（质量分数）或自行设计；

④ 着色试剂：染料酸性元青，酸性大红，直接耐晒翠绿，活性艳橙；电解着色可用五水硫酸铜或硫酸镍；

⑤ 耐腐蚀检测液；

⑥ 溶膜液（磷酸和CrO_3）组成：CrO_3 15 g；H_3PO_4 30 mL，H_2O 20 mL；

⑦ 其他：氨水、三氧化铬、重铬酸钾、盐酸、火棉胶、无水酒精等。

四、实验步骤

根据实际情况，选择阳极氧化中的1～2个影响因素加以探讨。在设计实验时要注意，当讨论某个影响因素时，其他工艺条件必须是固定的，尽量用最佳条件来固定。例如，研究电解电压（电流）对氧化膜形成过程的影响时，必须在固定电解质的浓度、温度及时间的条件下来改变电解电压（或电流）。

实验流程如图3-9所示。

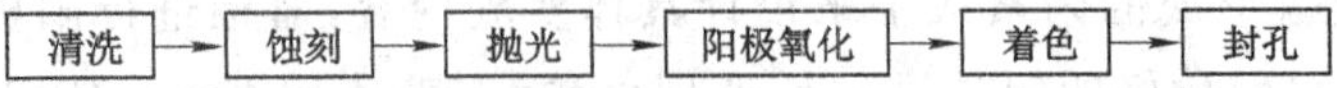

图3-9 铝的阳极氧化与着色实验流程

1. 铝片的表面预处理

表面预处理的目的是清洁铝的表面。操作过程如下：

(1) 用去污粉刷洗铝片，然后用自来水冲洗干净。

(2) 将铝片放在 333.2～343.2 K、3 $mol \cdot L^{-1}$ 的氢氧化钠溶液中，浸 30 s，取出后用自来水冲洗，若油污已除净，铝片的表面不会挂水珠。

(3) 将铝片放在 2 $mol \cdot L^{-1}$ 的硝酸溶液中浸 60 s，取出后用自来水冲洗干净，以除去碱处理时铝表面沉积的杂质及所吸附的碱。

(4) 化学抛光（此步可以代替(3)）。将铝片置于化学抛光液中，在 373.2 K 处理 2～6 min，再用清洗剂加热煮沸数分钟后，用自来水、蒸馏水冲洗干净。

洗净的铝片存放于盛有蒸馏水的烧杯中待用。

2. 铝的阳极氧化

铝的阳极氧化有两种方法，其一是用直流电流，铝始终作阳极；其二是用交直流电叠加，铝间歇地作阳极、阴极。后者操作工艺条件不好控制，本实验采用前者进行。用直流稳压电源，铝片作阳极，铅或铂作阴极。

参考工艺条件如下：电解液的硫酸浓度为 20%左右；电流密度为 15 $mA \cdot cm^{-2}$；通电时间为 20 min 左右；温度为 288.2～293.2 K 或自行设定。

3. 氧化膜着色和封闭

氧化膜着色应在氧化结束后进行。将阳极氧化处理得到的新鲜氧化膜铝片直接用水冲洗干净，立即放入着色液中着色。染色后的铝片经水冲洗干净后，再进行水封闭处理。

如果无需着色，则必须对新鲜氧化膜进行封闭处理。本实验采用沸水法。将氧化后的铝片用去离子水冲洗干净放入沸水中煮，水的 pH 值应控制在 4.5～6.5 之间，时间一般为 10 min，煮沸后取出，放入无水酒精中数秒后再晾干。

4. 质量检验比较

(1) 绝缘性实验　用万用表测定铝片表面两点间电阻的差别来比较。

(2) 耐腐蚀实验　在铝的表面滴一滴重铬酸钾的盐酸溶液，观察气泡产生与液滴变绿的时间。

(3) 氧化膜厚度测定

测定公式为：

$$\delta=\frac{(m_i-m_s)\times 10^4}{\rho A} \tag{2}$$

式中 δ——膜的厚度，μm；

m_i——成膜后铝片的质量，g；

m_s——退膜后的质量，g；

ρ——氧化膜的密度，2.7 g·cm^{-3}；

A——膜表面积，cm^2。

测定步骤：铝片置于分析天平上称重→将铝片浸于 363.2～373.2 K 的溶膜液中煮 10 min→取出铝片用水冲洗，浸入无水乙醇中，再取出晾干→再用天平称出铝片的质量 m_s→计算膜厚 δ 值。

上述提示的步骤是铝的阳极氧化及着色的一般工艺过程。由于本实验的目的主要是学习探讨各种因素（电解液、电流密度、温度、时间、添加剂等）对氧化膜质量、性能的影响，所以，应在铝的阳极氧化这一步骤中设计不同的条件来做实验。为了减少探讨的困难，少走弯路，故在实验步骤中给出了一般工艺过程条件的范围值做参考，学生可以在此范围内、外选择，或查阅有关资料来设计实验。

或者采用 ZD-B 智能电解测厚仪测定氧化膜厚度。

五、进一步讨论

通过本实验可以了解到，利用电化学的方法，可使金属表面形成致密的氧化膜，从而提高其耐腐蚀性能。在阳极氧化时，任何工艺条件的变化都可能影响到氧化膜的质量。考察铝在阳极氧化时的各种影响因素，并通过实验选择最佳工艺条件是很有意义的。

硫酸阳极氧化工艺是铝阳极氧化应用最广泛的工艺之一，主要用于防护性装饰及硬质氧化膜的处理。草酸阳极氧化通常可以得到较厚的氧化膜，膜厚可达 60 μm。铬酸阳极氧化膜厚度很小，只有 2～5 μm，但其膜质软、弹性好、抗蚀性强，铬酸对铝腐蚀性小，通常用于精密件及铆接件、点焊件及压铸件的氧化处理。

一般在实验前应先解决好如下问题：为什么要对金属制品进行阳极氧化处理；阳极氧化后为什么要封闭处理；阳极氧化时，电解液、电流密度、温度等对氧化膜的质量会产生什么影响等。实验进行之后，可从反应过程、膜的微观结构等进一步讨论影响膜质量的因素并加以综合分析，为使讨论深入，有时还要涉及诸如表面、吸附、化学反应等领域的内容。

为了深入了解电解时的各种因素对氧化膜质量影响的原因，还需要从反应过程、膜的微观结构等方面加以综合分析，可以采用恒压电解法对金属材料的阳极过程进行研究。例如，铝在磷酸中的阳极氧化膜具有很强的黏和力，是电镀、涂料的良好底层。20 世纪七八十年代有人研究指出，磷酸阳极氧化膜是一种双层膜的结构(由内层致密的阻挡膜和外层疏松的多孔层组成)。近年来，有人在 40～130 V 的直流电压范围内，用恒压电解法对铝在磷酸中的阳极氧化膜形成过程进行了研究，并用透射电镜(TEM)、扫描电镜(SEM)直接观察到了双层膜的结构，得出了随电解电压升高，阻挡层的厚度、多孔胞径、孔径均呈线性增加的规律，该规律与离子迁移有密切关系。

除铝之外，其他金属材料如黑色金属、镁合金等也可用阳极氧化的方法根据其使用环境不同进行氧化处理和着色。钢铁经氧化处理后，其表面生成一层 Fe_3O_4，膜厚度为 0.6～1.5 μm。钢铁氧化膜的氧化处理法有碱性氧化法和酸性氧化法两种，工业上多采用碱性氧化法。镁合金是金属结构材料中密度最小的材料之一，在空气中镁表面极易形成氧化物或碳酸盐膜而防止机体的腐蚀。为了提高镁合金的防护性能，通常采用化学或电化学氧化，化学氧化膜厚度为 0.5～3 μm，电化学氧化膜厚度可达 10～40 μm。镁合金化学氧化膜薄而质软，电化学氧化膜脆而多孔，故通常很少作表面层，一般在氧化后，再涂一层涂料、树脂或塑料以提高其抗蚀能力。具体工艺可参阅有关文献。

六、思考题

(1) 通过铝的阳极氧化形成的氧化膜有哪些优点？

(2) 沸水法封闭处理氧化膜的原理是什么？

实验 31　银纳米溶胶的制备及光谱和电化学测量

一、实验目的

(1) 制备银纳米粒子溶胶并进行电化学测量；
(2) 学习测定循环伏安曲线；
(3) 了解化学研究领域的新思路和新方法，培养和提高创新意识。

二、实验原理

银纳米粒子溶胶是指粒度为 1～100 nm 的银粒子在溶液中形成的均相分散体系。银纳米粒子溶胶具有独特的物理化学性能，具有显著的抗菌、除臭及吸收部分紫外线的功能，可应用于医药、环保等领域。在产品中加入少量的银纳米粒子，可以赋予产品很强的杀菌能力。在电化学方面，银纳米粒子具有更为优异的导电性能和电催化性能，通过自组装和电化学组装制备的纳米修饰电极具有良好的活性和稳定性。由于纳米粒子的尺寸不同，其性质差异很大。目前已有的多种银纳米粒子溶胶的制备工艺中，受到关注的核心问题是溶胶的稳定性。银纳米胶体颗粒在水溶液中受到范德瓦耳斯力和由于颗粒表面带电而引起的静电作用，其相对大小力产生的综合作用决定纳米银胶体的分散稳定性。因此，控制制备条件使银纳米粒子溶胶粒度分布均匀，具有良好的稳定性，对其热稳定性能进行更深入的研究具有重要意义。

本实验采用液相还原法制备银纳米粒子溶胶，不需要经过分离和纯化处理，直接进行紫外可见吸收光谱测定和电化学循环伏安测定，表征银纳米颗粒的粒度、电化学性质和热稳定性。

1. 银纳米粒子溶胶的可控制备

以 $AgNO_3$ 溶液和 $NaBH_4$ 溶液反应制备银纳米粒子溶胶，反应温度、搅拌速率、反应时间、反应物配比对溶胶的粒度和稳定性都有不同程度的影响。本实验的反应条件为：在低温和充分搅拌下，将较低浓度的 $AgNO_3$ 溶液与 $NaBH_4$ 溶液快速混合，控制反应时间，得到亮黄色银纳米溶胶。

2. 银纳米粒子溶胶紫外可见光谱表征

使用双光束紫外可见光谱分析仪，测定银纳米粒子溶胶的紫外可见吸收光谱。根据最大吸收波长 λ_{max}，确定银纳米粒子的粒径范围，如表 3-4 所示。室温环境下保留样品进行后续测定。每间隔一定时间，连续测定紫外吸收光谱，比较最大吸光度 A 和 λ_{max} 值的变化，表征并讨论银纳米粒子溶胶的稳定性及其影响因素。

表 3-4　　银纳米粒子平均粒径与 λ_{max}

平均粒径/nm	λ_{max}/nm
<10	390
15	403
19	408
60	416

3. 银纳米粒子溶胶循环伏安曲线测定

通过对循环伏安图进行定性和定量分析，可以确定电极过程的可逆程度、得失电子数、是否伴随耦合化学反应及电极过程动力学参数，拟定电极过程的机理。

三、仪器、试剂与材料

1. 仪器

磁力搅拌器，电子天平，锥形瓶(100 mL)，CHI760 电化学工作站，超级恒温水浴，容量瓶(500 mL，250 mL)，烧杯(100 mL)，铁架台，多口恒温水浴，双光束紫外可见光谱仪，石英比色皿。

2. 试剂与材料

$AgNO_3$(分析纯)，$NaBH_4$(分析纯)，饱和甘汞电极(参比电极)，金圆盘电极(工作电极)，铂丝电极(辅助电极)。

四、实验步骤

1. 配制溶液

$AgNO_3$溶液浓度为 1 mmol · L^{-1}，$NaBH_4$溶液浓度为 0.01 mol · L^{-1}。因为浓度较低，配制 500 mL 或 1 000 mL 溶液，多组共用。溶液需现配现用。

2. 银纳米粒子溶胶的制备

用水和冰制成冰水浴。将 100 mL 的锥形瓶洗净，放入磁力搅拌子，置于冰水浴中，固定在电磁搅拌台上，调整搅拌速率为快速搅拌条件，关搅拌。取新配制的$NaBH_4$溶液 25 mL 加入锥形瓶中，取$AgNO_3$溶液 7 mL，准备计时。在快速搅拌条件下加入锥形瓶，搅拌反应 16 min，准确计时，不可超时。溶液颜色变成亮黄色或酒红色后直接进行循环伏安表征。

3. 银纳米粒子溶胶的紫外可见吸收光谱测定

使用双光束紫外可见光谱仪、石英比色皿。设置参数：波长范围为 600～300 nm，合适的吸光度量程 0.000～3.000 或 5.000，快速扫描。以水作参比溶液，先测定基线并保存。测定银纳米粒子溶胶的紫外可见吸收光谱，得到紫外可见吸收光谱扫描谱图。读取 UV 光谱的最大吸收波长 λ_{max}，最大吸光度 A_{bs}的值，数据导出，保存为 Excel 表，用 Origin 软件作图，作出紫外可见吸收光谱谱图。

4. 银纳米粒子溶胶循环伏安测定

使用 CHI760 电化学工作站，金电极与绿色夹子相连接，饱和甘汞电极与白色夹连接，铂片电极与红色夹子相连接。

设置参数：起始电位（−1.0 V）；低电位（−1.0 V）；高电位（1.0 V）；电流量程（10^{-5} A）。

不同扫描速率（V · s^{-1}）：0.1、0.2、0.5、0.8。

开始扫描，得到循环伏安图，进行图谱处理，得到峰电位、峰电流，保存，导出。测定不同扫描速率时的循环伏安图，运用软件进行叠加，比较扫描速率的影响。

5. 银纳米溶胶的热稳定性测定

将银纳米溶胶放入 40 ℃恒温水浴中，每隔 5 min 测定紫外可见吸收光谱，连续测定 5 次，观察 λ_{max} 和最大吸光度 A_{bs} 值的变化。数据导出，保存为 Excel 表，用 Origin 软件作图，比较多次测定的紫外可见吸收光谱。研究银纳米粒子的热稳定性及影响因素。

五、数据记录及处理

(1) 根据银纳米粒子溶胶的紫外吸收光谱，确定银纳米粒子的粒度范围。

(2) 比较不同加热时间时测定的银纳米粒子溶胶紫外吸收光谱最大吸光度 A 和 λ_{max} 的变化，记录于表 3-5 中，并分析讨论。

表 3-5　加热不同时间银纳米粒子溶胶吸收光谱数据

序号	加热时间/min	λ_{max}/nm	A_{bs}
1	5		
2	10		
3	15		
4	20		
5	25		

(3) 根据银纳米粒子溶胶的循环伏安图，写出对应的电极反应，并参考标准电极电势进行银纳米电化学反应活性的分析与讨论。

(4) 根据不同扫描速率的循环伏安图，讨论银纳米溶胶共存体系的电极过程。

六、注意事项

(1) 制备所用玻璃仪器及搅拌子务必洗涤干净。制备完成后，立即取出搅拌子，用磁铁吸出，不可用镊子夹出，以免引入杂质。

(2) 制备时，在加入硝酸银溶液之前，不应开启搅拌，或长时间搅拌硼氢化钠溶液。

(3) 若紫外可见吸收光谱不光滑，出现毛刺，则驱除气体后测定。

七、思考题

（1）分别指出测定紫外吸收光谱和循环伏安图时波长扫描和电位扫描的方向。波长扫描能否反向进行？为什么？如何确定循环伏安电位扫描的方向？

（2）测定银纳米粒子溶胶的紫外光谱时，以水作为基线校正是否合理？银纳米粒子溶胶是否处于纯水中？体系中共存物质是否影响测定？

（3）根据银纳米粒子溶胶的循环伏安图中出现的峰所对应的反应，分析不同扫描速率时峰型有差异的原因。

实验 32　计时电量法测量 DAFO 的扩散系数和反应速率常数

一、实验目的

(1) 掌握电化学循环伏安法和计时电量法测量原理；

(2) 运用计时电量法测定 DAFO 在乙醇溶液中的扩散系数、反应速率常数和表观活化能；

(3) 探讨温度对 DAFO 在乙醇溶液中的扩散系数和反应速率常数的影响。

二、实验原理

1984 年，Henderson 等为研究在多联吡啶钌配合物中配体场激发态的选择性微扰，首次合成 4,5-二氮芴-9-酮(DAFO)。DAFO 的 4 位和 5 位存在的氮原子表现出吸电子性，使羰基碳的正电性增强，易受亲电试剂的进攻，遇到汗液等存在的氨基酸时形成 Shiff 碱，在紫外光的激发下产生荧光，可用于显现指纹。传统指纹显现方法，如粉末显现法、碘蒸气熏染法等，对人体危害较大，易造成环境污染；而 DAFO 显现指纹，用量少，荧光强，对环境友好，可以作为新型指纹显现剂应用于刑侦学。DAFO 具有 σ 给电子能力及 π 受电子能力，能和多种金属离子形成稳定的配合物，是现代配位化学中应用最为广泛的螯合配体之一，相继合成的 DAFO 与 Cu(Ⅱ)、Co(Ⅱ)的多核金属配合物，与 DNA 相互嵌入，以及 DAFO 配合物[(DAFO)$PtCl_2$]和[(DAFO) $ZnCl_2$]对癌细胞有很强的抑制作用，抗癌效果好，为实现在分子水平上研究药物与核酸的相互作用建立理论基础。

DAFO 的指纹显现剂和形成配合物的作用都与其电子转移性能密切相关。DAFO 的乙醇溶液循环伏安研究结果表明，阴极过程为 DAFO 在非水溶剂中两步单电子还原，其中还原峰Ⅰ对应于羰基还原，还原峰Ⅱ对应于联吡啶部分的还原。示意如图 3-10 所示。

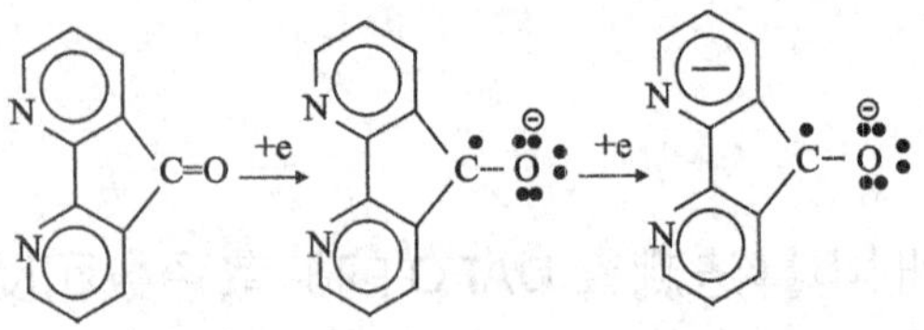

图 3-10　DAFO 在非水溶剂中的还原

但是，目前对 DAFO 在电极上进行电子转移过程的速率常数和在溶液中的扩散性质等动力学定量研究很少。本实验采用计时电量法测定 DAFO 在乙醇溶液中的扩散系数和反应速率常数。

计时电量法记录的是电流的积分-电量对时间的关系，积分结果对暂态电流中的随机噪声有平滑作用，所以用计时电量法测得的信号比计时电流法更清晰。计时电量法有严格的数学推导和表达式，能够精确地测定电极过程的定量参数。

1. 计时电量法

计时电量法(Chronocoulometry)，又称计时库仑法，属于电化学中采取阶跃方法进行测量的一种实验技术，在向工作电极施加阶跃电位后，记录电流的积分，即电量对时间的关系 $Q—t$。测得的电量信号 Q 随时间增长，暂态后期受阶跃瞬间非理想电位变化的影响较轻微，容易得到实验数据，信噪比更好。计时电量法能够区分双电层充电、吸附物质的电极反应和扩散反应物法拉第反应对电量的贡献，因而能精确测得扩散系数、反应速率常数和活化能。

2. 计时电量法测定扩散系数

在静止的均相溶液中有物种 O，使用平板电极，初始电位为无电解反应的电位 E_1。在 $t=0$ 时，电位阶跃到足以使 O 以极限扩散电流还原的负电位 E_2。则 O 扩散还原需要的电量为：

$$Q_d = \frac{2nFAD_o^{1/2}c_o^* t^{1/2}}{\pi^{1/2}} \tag{1}$$

式中　Q_d——电量；

n——电子转移数；

F——法拉第常数；

A——电极面积；

D_o——反应粒子在溶液中的扩散系数；

c_o^*——反应粒子的本体浓度。

式(1)中，Q_d随时间增长，对 $t^{1/2}$ 呈线性关系。

然而，实际电量 Q 包括双电层充电和还原吸附氧化态电量，Q 对 $t^{1/2}$ 的直线一般不过原点。但是，这些电量与随时间逐渐累积的扩散贡献电量不一样，它们只在瞬时出现，表现为与时间无关的两个附加项[见式(2)]：

$$Q = \frac{2nFAD_o^{1/2}c_o^* t^{1/2}}{\pi^{1/2}} + Q_{dl} + nFA\Gamma_o \tag{2}$$

式中，Q_{dl}为电容电量；$nFA\Gamma_o$为表面吸附 O 还原的法拉第分量(Γ_o是表面过剩浓度或表面余量)。

如果已知电极面积 A，根据 Q—$t^{1/2}$ 曲线渐近线的斜率，即可计算反应粒子在溶液中的扩散系数 D_o。标定工作电极面积 A 的常用方法是测定已知扩散系数的物质的计时电量曲线。

3. 计时电量法测定反应速率常数

采用计时电量法测定电极反应速率常数时，通过选用较小的电位阶跃幅度，使测定期间电极反应达不到极限扩散条件，处于完全或部分界面电荷传递动力学控制过程中，响应时间足够短，使电极过程受动力学控制。对于准可逆反应的计时电量响应满足式(3)：

$$Q(t) = \frac{nFAk_f c_o^*}{H^2}\left[\exp(H^2 t)\mathrm{erfc}(Ht^{1/2}) + \frac{2Ht^{1/2}}{\pi^{1/2}} - 1\right] \tag{3}$$

式中，$H=(k_f/D_o^{1/2})+(k_b/D_R^{1/2})$，$D_o$和 D_R为氧化还原电对的扩散系数，k_f和 k_b为电极还原和氧化反应的速率常数。$Ht^{1/2}>5$ 时，得到极限式(4)：

$$Q(t) = nFAk_f c_o^* \left(\frac{2t^{1/2}}{H\pi^{1/2}} - \frac{1}{H^2}\right) \tag{4}$$

通过测定的计时电量曲线作电量 Q 和时间 $t^{1/2}$ 关系曲线及渐近线，根据斜率和截距即可求得电极反应速率常数 k_f。

测定不同温度下的反应速率常数 k_f，用 k_0表示电极表面没有超电位时的反应速率常数，根据式(5)计算 k_0：

$$\ln k_f = \ln k_0 - \frac{\alpha nF}{RT}(E - E_0) \tag{5}$$

式中，$E_0=(E_{pc}+E_{pa})/2$；α 为与电位相关的传递系数，动力学测定的电位范围相当窄，α 值维持恒定。

由阿伦尼乌斯公式算出电子转移过程的表观活化能 E_a：

$$\ln k_0 = \ln A - \frac{E_a}{RT} \tag{6}$$

三、仪器、试剂与材料

1. 仪器

电化学工作站，玻碳电极（工作电极），铂片电极（辅助电极），饱和甘汞电极（参比电极），超声清洗器，pH 计，恒温循环水槽，电子分析天平，恒温夹套，电解池，容量瓶（100 mL），移液管，吸量管（10 mL）。

2. 试剂与材料

4,5-二氮芴-9-酮（DAFO）（分析纯），四丁基溴化铵（TBAB，分析纯），无水乙醇（分析纯），六氰合铁（Ⅲ）酸钾（分析纯），硝酸钾（分析纯），氯化钾（分析纯），硫酸（分析纯）。

四、实验步骤

1. 工作电极预处理

将玻碳电极依次用 1.0、0.3、0.5 μm 的 α-Al_2O_3 抛光，分别在乙醇溶液及水中超声清洗 3 min 后，置于 0.5 mol · L^{-1} 硫酸溶液中进行循环伏安扫描 50 周，电位范围为 −1.2～1.2 V，直到循环伏安图稳定。

2. 标定工作电极面积 A

以 1.0 mol · L^{-1} KNO_3 水溶液作为支持电解质，以此溶液配制 2.0 mol · L^{-1} $K_3Fe(CN)_6$ 溶液进行循环伏安测定。温度为 298 K，扫描电位范围为 0.5～−0.10 V，扫描速率为 0.1 V · s^{-1}。读出循环伏安曲线还原峰电位为 E_2，还原峰前平台电位为 E_1。

以 E_1 为阶跃初始电位，E_2 为阶跃电位，测定 2.0 mmol · L^{-1} $K_3Fe(CN)_6$ 溶液极限扩散条件下的计时电量曲线。

3. DAFO 循环伏安测定

以 0.1 mol · L^{-1} TBAB 乙醇溶液作为支持电解质，以此溶液配制 10 mmol · L^{-1} DAFO 溶液，扫描电位范围为 −0.4～−1.60 V，扫描速率分别为 0.05、0.10、0.20、0.25、0.30、0.40、0.50、0.60、0.70、0.80 V · s^{-1}。记

录不同扫描速率时的峰电位和峰电流，确定DAFO在乙醇溶液中电极过程的可逆程度。

扫描电位范围为0～−2.0 V，扫描速率分别为0.1和0.01 V·s^{-1}。在扫描速率为0.1 V·s^{-1}的循环伏安图中，读出还原峰Ⅰ的前平台电位。在扫描速率为0.01 V·s^{-1}的循环伏安图中，记录还原峰Ⅰ电位为E_{pc}，相应氧化峰电位为E_{pa}。

4. 计时电量法测定DAFO在乙醇溶液中的扩散系数

根据DAFO在乙醇溶液中扫描速率为0.1 V·s^{-1}时的循环伏安图，阶跃初始电位E_1设为平台电位，阶跃电位E_2为还原峰Ⅰ电位，使在E_2时电极过程处于极限扩散。在E_2保持5 s，测定计时电量$Q—t$曲线，作出$Q—t^{1/2}$线及渐近线，由式(1)求出扩散系数。

5. 计时电量法测定DAFO在乙醇溶液中的反应速率常数和活化能

根据DAFO在乙醇溶液中扫描速率为0.1 V·s^{-1}的循环伏安图，阶跃初始电位E_1设为平台电位，在还原峰Ⅰ电位的基础上，分别加0.14、0.12、0.10、0.08、0.06、0.04 V，确定阶跃电位E_2。在E_2保持5 s，得到不同阶跃电位E_2计时电量$Q—t$曲线，作出$Q—t^{1/2}$曲线及其渐近线，根据式(4)计算反应速率常数K_f。

采用同样的方法测定温度分别为278、283、288、293、298、303 K时不同阶跃电位下的K_f。当$E_0=(E_{pc}+E_{pa})/2$时，作$\ln k_f$对(E_2-E_0)图，求出5个温度下的k_0。根据式(5)、式(6)，计算表观活化能。

6. 研究水对DAFO在乙醇溶液中的扩散系数和反应速率常数的影响

以0.1 mol·L^{-1} TBAB乙醇溶液作为支持电解质，以此溶液配制5份10 mmol·L^{-1} DAFO溶液，其中乙醇∶水的体积比为3∶3、2∶1、1∶1、1∶2、1∶3。测定和计算扩散系数和反应速率常数，探讨水对DAFO在乙醇溶液中的扩散系数和反应速率常数的影响。

五、数据记录及处理

1. DAFO循环伏安结果

(1) 根据298 K时10 mmol·L^{-1} DAFO乙醇溶液循环伏安图，将不同扫描速率的循环伏安结果列于表3-5中，并讨论循环伏安图中的氧化还原峰。

表 3-5　　不同扫描速率时的循环伏安结果

v /(mV·s^{-1})	E_{pc} /V	i_{pc} /(A·10^{-4})	E_{pa} /V	i_{pa} /(A·10^{-4})	ΔE_p /V	$v^{1/2}$ /(mV·s^{-1})$^{1/2}$	i_{pa}/i_{pc}
50							
100							
200							
250							
300							
400							
500							
600							
700							
800							

(2) 作出还原峰电流 i_{pc} 和对应氧化峰电流 i_{pa} 与扫描速率平方根 $v^{1/2}$ 的关系图，讨论峰电流随扫描速率的变化，峰电流与 $v^{1/2}$ 是否呈线性关系？

(3) 计算氧化峰和还原峰电流比 i_{pa}/i_{pc}、还原峰电位和氧化峰电位的变化、峰电位差 ΔE_p(mV)，讨论 DAFO 在乙醇溶液中的氧化还原反应热力学可逆程度。

2. DAFO 在乙醇溶液中的扩散系数

(1) 标定工作电极面积 A

测定 2.0 mmol·L^{-1} $K_3Fe(CN)_6$ + 1.0 mol·L^{-1} KNO_3 水溶液扩散条件下的计时电量曲线，已知 $K_3Fe(CN)_6$ 在水中的扩散系数为 7.6×10^{-6} cm^2·s^{-1}，由 Q—$t^{1/2}$ 曲线及其渐近线和式(2)得到电极面积 A 表达式(7)：

$$A = \frac{k_0\sqrt{\pi}}{2F\sqrt{D_o}c_0} \tag{7}$$

式中　k_0——Q—$t^{1/2}$ 曲线渐近线的斜率；

F——法拉第常数；

D_o——$K_3Fe(CN)_6$ 在水中的扩散系数；

c_0——$K_3Fe(CN)_6$ 溶液的浓度。

(2) 测定 DAFO 在乙醇溶液中的扩散系数

根据 DAFO 在乙醇溶液中的循环伏安图，设定初始电位 E_1 为 -0.30 V，阶跃电位 E_2 为 -1.048 V，在 E_2 保持 5 s。当设定 E_2 为 -1.068 V 时，计时电量曲线与 E_2 为 -1.048 V 的结果一致，表明测定条件属于扩散控制，符合式(2)的适用条件。联立式(2)、式(7)，得到 DAFO 扩散系数 D 计算式(8)：

$$D = \frac{D_o c_0^2 k^2}{c^2 k_0^2} \tag{8}$$

式中　k_0——DAFO 的 $Q—t^{1/2}$ 曲线渐近线的斜率；

　　c_0——DAFO 溶液的浓度。

用 Origin 软件做出 $Q—t^{1/2}$ 图及其渐近线图，拟合出渐近线方程。将数据代入式(8)，计算出 DAFO 在乙醇溶液中的扩散系数 D。

采用相同的方法，分别测定 278、286、288、293、298、303 K 时的计时电量曲线，计算不同温度条件下 DAFO 在乙醇溶液中的扩散系数，并列于表 3-6 中，作出温度 T 和扩散系数 D 间的关系曲线图。

表 3-6　　不同温度时 DAFO 扩散系数

T/K	278	283	288	293	298	303
$D/(10^{-5}\text{cm}^2\cdot\text{s}^{-1})$						

3. DAFO 电极反应速率常数和活化能

根据 DAFO 在乙醇溶液中的循环伏安图，设定阶跃初始电位 E_1，阶跃电位 E_2 分别设定为循环伏安图中电流上升部分，在电位 E_2 保持 5 s，得到不同阶跃电位 E_2 的计时电量曲线，作出 $Q—t^{1/2}$ 曲线及其渐近线。

根据式(4)，设 $Q—t^{1/2}$ 曲线渐近线方程为：

$$Q = kt^{1/2} + b \tag{9}$$

式中，k 为 $Q—t^{1/2}$ 曲线渐近线方程斜率，b 为 $Q—t^{1/2}$ 曲线渐近线方程截距。联立式(4)、式(9)，解得：

$$H = \frac{\sqrt{\pi} k}{2b} \tag{10}$$

$$k_f = \frac{\sqrt{\pi D_0} k^2 c_0}{2nbk_0 c} \tag{11}$$

根据式(10)、式(11)计算 H 和 k_f，得到 $Ht^{1/2}$ 均大于 5，表明从式(3)到式(4)近似合理。在 278 K 下，将不同阶跃电位 E_2 下的 k_f 列于表 3-7 中。

表 3-7　　阶跃电位 E_2 不同时的 k_f 值(278 K)

E_2/V				
$10^6 k_f/(m \cdot s^{-1})$				

采用同样方法，测定 278、283、288、293、298、303 K 时不同阶跃电位下的计时电量曲线，根据式(10)、式(11)计算 H 和 k_f。

在每个温度下作 $\ln(k_f/[k_f])$—(E_2-E_0) 图。

由不同温度时 $\ln(k_f/[k_f])$—(E_2-E_0) 关系图，求出没有超电位时的反应速率常数 k_0，列于表 3-8 中。以 $\ln(k_f/[k_f])$ 对 $1/T$ 作图，求得表观活化能 E_a 和指前因子 A。

表 3-8　　不同温度时的 k_0

T/K	278	283	288	293	298	303
$10^6 k_0/(m \cdot s^{-1})$						

六、注意事项

(1) 所使用的工作电极均为固体电极、金电极或玻碳电极，每次使用后应进行电化学处理电极表面，在使用前也需进行活化。

(2) 读取循环伏安图的峰电流和峰电位时，应使用测定软件做出基线。如不出现基线时，应使用软件的调整缝宽功能。

(3) 使用 2.0 mmol · L^{-1} $K_3Fe(CN)_6$ 溶液标定电极面积，配制溶液的浓度应准确，使用的电极为新处理后的电极。

七、思考题

(1) 溶液中的电活性物质在电极上发生电极过程包含哪些步骤？

(2) 区分和讨论循环伏安图中读出的峰电位与可逆电极电位的关系和联系。

(3) 当电化学测定系统有电流通过时,电极发生极化。讨论极化原因和类型,如何消除极化?

(4) 溶液中电活性物质的扩散速率受哪些因素影响? 实验中如何提高扩散速率?

实验 33　有机电合成苯甲酸镍

一、实验目的

(1) 学习牺牲阳极电化学法合成有机羧酸盐的基本原理；

(2) 掌握电化学还原对硝基苯甲酸合成对氨基苯甲酸的原理和实验操作。

二、实验原理

1. 有机电合成简述

电合成是采用电化学方法合成无机物与有机物，分别称之为无机电合成和有机电合成。无机电合成最具代表性的是氯碱工业。有机电合成分为直接有机电合成(有机合成反应直接在电极表面上完成)和间接有机电合成(有机合成反应所需氧化剂或还原剂是通过电化学方法获得并可再生循环使用，如乙醛酸对电解合成中的 Cl_2 便可再生与循环使用)。

有机电合成是研究用电化学方法合成有机化合物的科学。它是一门涉及电化学、有机合成、化学工程等领域的边缘科学。在注重环境保护的今天，电解合成法在对有机物特别是高附加值精细化学品的生产中具有广泛的价值，其发展相当迅速。

从 1834 年法国化学家 Faraday 在实验室进行了首次有机电合成——电解乙酸钠溶液制取乙烷，到 1849 年 Kolbe 电解一系列脂肪酸盐溶液制取较长链的烃(即 Kolbe 反应)，有机物的电合成有了初步的发展。在此后的一百多年里，化学家们对那些用普通化学方法难以合成的有机产品借助于电化学反应来制备。20 世纪 30 年代，有机电合成反应在化学工业得到了应用，如硝基苯电还原制苯胺、葡萄糖电还原制山梨醇与甘露醇等。到了 20 世纪 60 年代，以电合成己二腈与电合成四乙基铅的工业化为标志的现代有机电合成工业开始了蓬勃的发展。30 多年来，有机电合成备受重视，尤其是美、英、日、德等工业发达国家。

2. 有机电合成的特点

有机电合成之所以越来越受到重视，是因为它和普通有机化学合成法相比具有很多独特的优点，主要包括：

(1) 有机电化学反应可以免于使用有毒或危险的氧化剂和还原剂，电子就是清洁的反应剂。反应体系中，除原料和产物外，通常不含其他反应试剂，因此，产物易分离，产品纯度高，环境污染小，符合“绿色化学”的标准。

(2) 反应一般在常温常压下进行，无需特殊设备，与普通化学法相比，可缩短工艺流程，减少设备投资。

(3) 在电化学反应体系中，电子转移和化学反应同时进行，通过对电解条件(如电压、电流、电解液组成等)的调节，可以较容易、较准确地实现对生产的控制。

(4) 反应装置具有通用性，同一电解槽可以用于多种电合成反应，改变电极材料或反应溶液便能合成某种新的有机产品。

(5) 有些用通常化学反应难以制得的产品(如难以氧化或还原的)只有通过电化学方法合成。

当然，有机电合成法也有其局限性，电解需要消耗大量的电能，工业生产中的电解槽结构相当复杂等。因此，有机电合成往往适宜生产价格较高、需求量大的精细化工产品。

3. 有机电合成基本方法

(1) 有机物的阳极氧化

有机物的阳极氧化涵盖脂肪烃、烯烃的阳极氧化；醇、醚、羰基化合物的阳极氧化；有机物电化学卤化和含氧、硫化合物阳极氧化以及芳香化合物的阳极官能团化等过程。当有机物难以直接氧化，或直接电化学氧化效率低时，可采用间接电化学氧化。此法综合了电解和相转移技术的优点，效率高、选择性好、产物易分离，典型的例子有对硝基苯甲酸的制备。对硝基苯甲酸是制备药物和染料的重要中间体，但却由于在电合成过程中所用的反应物均难溶且易被电极吸附，所以导致产率和电流效率的低下，若采用 Cr^{6+} 与 Cr^{3+} 电对间接电化学氧化对硝基甲苯，则可实现工业化生产。

(2) 有机物的阴极还原

有机物的阴极还原包括 C ═C 双键化合物、有机卤代物、羰基化合物和含氨基化合物的阴极还原等过程。以乙醛酸(CHOCOOH)为例，乙醛酸是最简单的醛酸，它兼具醛和酸两类化合物的性质，是目前急需开发的精细化工产品的中间体。乙醛酸的电合成可通过草酸在阴极上电还原得到。

4. 典型的电合成过程

典型的电合成过程如下：

(1) 电解液中的反应物(R)通过扩散到达电极表面(物理过程)；

(2) R 在双电层或电荷转移层通过去溶剂化、解离等化学反应而变成中间体(I)(化学过程)，无溶剂、无缔合现象的不经过此过程；

(3) I 在电极上吸附形成吸附中间体(I_{ad1})(吸附活化过程)；

(4) I_{ad1} 在电极上放电发生电子转移而形成新的吸附中间体(I_{ad2})(电化学过程)；

(5) I_{ad2} 在电极表面发生反应而变成生成物(P_{ad})吸附在电极表面；

(6) P_{ad} 脱附后再通过物理扩散成为生成物(P)。

本实验由苯甲酸电解合成苯甲酸镍。采用金属镍片作阳极、金属铂片作阴极，其中溶剂为乙腈，支持电解质为高氯酸钠。

电解池： $(-)Pt|CH_3CN+PhCOOH|Ni\ (+)$

阴极反应： $2PhCOOH+2e \longrightarrow 2PhCOO^-+H_2$

阳极反应： $2PhCOO^-+Ni \longrightarrow Ni(PhCOO)_2+2e$

总反应： $2PhCOOH+Ni \longrightarrow Ni(PhCOO)_2+H_2$

三、仪器、试剂与材料

1. 仪器

恒流稳压电源，电子天平，减压蒸馏装置，电解池，恒温水浴槽，干燥箱。

2. 试剂与材料

镍片电极，不锈钢片电极，乙腈(分析纯，电解液溶剂)，苯甲酸(分析纯)，高氯酸钠(分析纯，支持电解质)，盐酸(分析纯)，硝酸(分析纯)，丙酮(分析纯)，乙醚(分析纯)。

四、实验步骤

1. 电极预处理

不锈钢片电极、镍片电极：用稀硝酸浸洗、水洗、丙酮除油、水洗、吹干后，称重备用。

2. 苯甲酸镍的电合成

稳压电源的正极接镍片电极，电源的负极接不锈钢片电极，电解池中装入电解液、适量高氯酸钠、0.4 g 苯甲酸。待完全溶解后打开低压电源，调节电源电压使电流表示值为 200 mA，电解 2 h。电解液的温度通过水浴控制。记录实验现象、电压值、电流值。

3. 苯甲酸镍的分离

合成实验结束后，取出电极、清洗干净。安装好减压蒸馏装置，减压蒸馏除乙腈。蒸馏瓶用 20 mL 乙醚洗、抽滤，在 60 ℃减压烘干得苯甲酸镍，称重。

五、数据记录与处理(表 3-9)

不锈钢片电极面积=　　cm^2；镍片电极面积=　　cm^2；

电解池体积=　　cm^3；水温度=　　℃

表 3-9

槽压/V	电流/mA	时间/min	产物质量/g	电流效率/%

六、思考题

(1) 本实验电合成苯甲酸镍的阳极、阴极半反应及总反应是什么？

(2) 影响电合成苯甲酸镍电流效率的因素有哪些？

实验34　电化学还原顺丁烯二酸合成丁二酸

一、实验目的

(1) 学习电化学有机合成的方法和原理；

(2) 掌握电化学还原马来酸合成丁二酸的原理和实验操作。

二、实验原理

丁二酸俗称琥珀酸，是一种重要的有机化工原料及中间体，广泛应用于医药、农药、食品、橡胶、染料、感光材料和合成塑料等行业。丁二酸的制备方法有化学法、电化学法和生物转化法等。其中电化学方法由于具有设备投资少、反应条件温和、反应副产物少、产品纯度高及母液可循环利用等优点，已成为目前合成丁二酸的主要方法。

电化学合成丁二酸的基本原理是以顺丁烯二酸为原料，在阴极上进行电还原加氢反应制得，反应如下：

阴极反应：

$$\begin{matrix} CHCOOH \\ \| \\ CHCOOH \end{matrix} + 2H^+ + 2e \longrightarrow HOOCCH_2CH_2COOH$$

阳极反应：

$$H_2O \longrightarrow 1/2O_2 + 2H^+ + 2e$$

总反应：

$$\begin{matrix} CHCOOH \\ \| \\ CHCOOH \end{matrix} + H_2O \longrightarrow HOOCCH_2CH_2COOH + 1/2O_2$$

阴极电还原加氢反应所需要的 H^+ 是由阳极上水的电氧化反应提供，所以电能利用率较高。合成丁二酸的电化学技术，目前有隔膜法、无隔膜法、成对电合成法等。其中丁二酸无隔膜电合成工艺流程如图 3-11 所示。

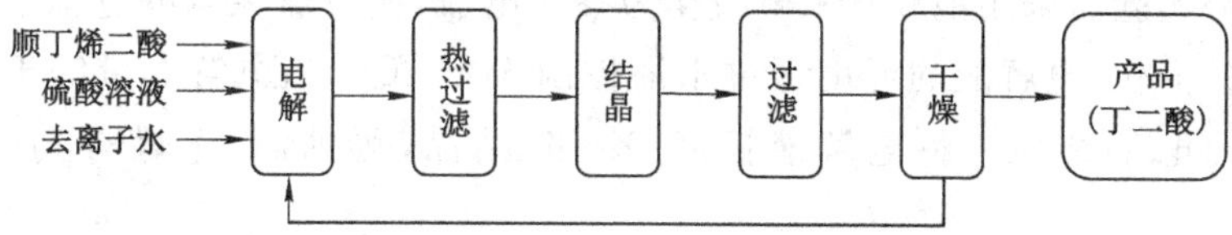

图 3-11　丁二酸无隔膜法电合成工艺流程示意图

三、仪器、试剂与材料

1. 仪器

恒温磁力搅拌器，直流稳压电源，电解槽，真空干燥箱，电化学工作站，超声波清洗器，恒温水浴槽，抽滤装置。

2. 试剂与材料

顺丁烯二酸（分析纯），浓硫酸（分析纯），丙酮，无隔膜玻璃电解槽，二次去离子水，TA_1型纯钛（纯度 99.5%），钛基氧化钌电极，饱和甘汞电极（参比电极），6# 金相砂纸，抛光液（质量比为 NH_4F ∶ H_2O_2 ∶ 尿素 ∶ HNO_3 ∶ H_2O=1∶4∶1∶4∶2 的混合液）。

四、实验步骤

1. 膜电极的制备

将 2 mm×3.5 cm×4.0 cm 的 Ti 片用 6# 金相砂纸打磨，然后在 20～30 ℃抛光液中抛光 2～3 min，在丙酮中经超声波清洗后，再用大量去离子水冲洗 Ti 片，使 Ti 片表面光亮、洁净。以处理过的 Ti 片为阳极，钛基氧化钌电极为阴极，在 1.0 mol·L^{-1}顺丁烯二酸+1.0 mol·L^{-1}硫酸溶液中，采用恒压阳极氧化的方法，在氧化电压为 10 V、氧化温度为 45 ℃条件下氧化 80 min 制得 Ti/TiO_2膜电极。

2. 恒电流电解实验

阴极采用原位阳极氧化制备的 Ti/TiO_2膜电极，面积为 3.5 cm×4.0 cm；阳极采用钛基氧化钌电极，面积比阴极略大。采用 1 片阳极和 2 片阴极，以浓度为 1.0 mol·L^{-1}顺丁烯二酸+1.0 mol·L^{-1}硫酸溶液为电解液，电流密度为 10 A·dm^{-2}，在无隔膜电解槽内进行恒电流电解合成和母液循环实验。采用饱和甘汞电极作为参比电极，实时监控电解过程中阴极电位的变化，电解液的温度通过水浴控制为 45 ℃。当电解电量等于理论电量时电解结束。将电解液抽滤、冷却、结晶，再抽滤、干燥得到产品，称重。

五、数据记录及处理

(1) 计算还原收率和电流效率。

(2) 绘制电解时间-电解过程中阴极电位曲线。

六、思考题

(1) 为什么电化学合成的电流效率总小于100%？

(2) 根据电子的得失，电化学合成分为哪两大类？阳极、阴极各发生什么反应？

实验 35　电化学法制备对氨基苯甲酸

一、实验目的

(1) 进一步学习电化学有机合成的方法和原理；

(2) 掌握电化学还原对硝基苯甲酸合成对氨基苯甲酸的原理和实验操作。

二、实验原理

对氨基苯甲酸既是一种重要的化工原料又是一种重要的化工产品，如用于脂类、叶酸等有机合成，用于染料工业作活性染料和偶氮染料中间体，合成高分子材料等。

对氨基苯甲酸的电化学合成是在酸性介质中以对硝基苯甲酸为原料，通过阴极还原制得。相关反应如下：

阴极反应：

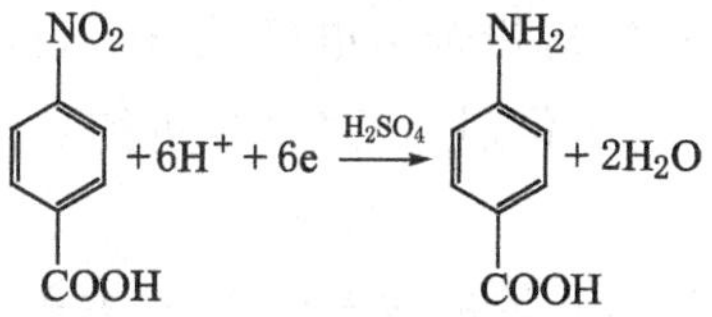

阳极反应：

$$4H_2O \longrightarrow 4H^+ + 4OH^-$$

$$4OH^- \longrightarrow O_2 + 2H_2O + 4e$$

阴极副反应：

$$2H^+ + 2e \longrightarrow H_2 \uparrow$$

阴极副反应尽可能避免，因为氢气的放出会降低电流效率。

电解装置如图 3-12 所示。

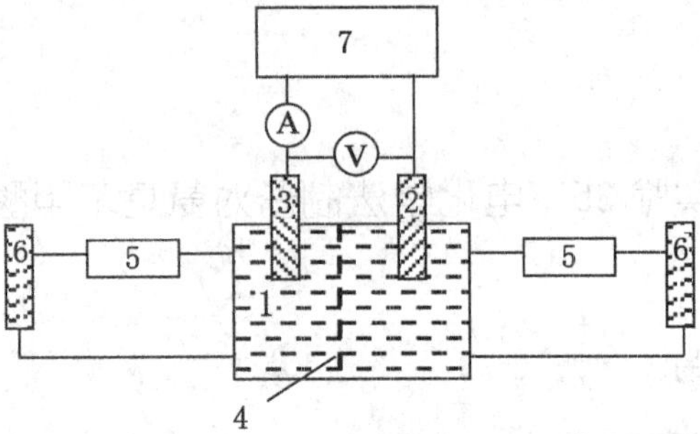

图 3-12 电解装置示意图

1——电解槽;2——阳极;3——阴极;4——阳离子交换膜;5——恒温循环槽;6——储罐;
7——直流电源;A——精密安培表;B——精密电压表

三、仪器、试剂与材料

1. 仪器

烧杯,量筒,电热套,布氏漏斗,保温漏斗,短颈玻璃漏斗,吸滤瓶,循环水式多用真空泵,电子天平,磁力搅拌器,H 型电解槽,直流电源,精密安培表,精密电压表,恒温循环槽。

2. 试剂与材料

对硝基苯甲酸(分析纯),铅合金电极(阴极),钛网上涂 RuO_2 电极(阳极),Raney Ni 粉(100 目,催化剂),乙醇(分析纯),浓硫酸(分析纯),去离子水,滤纸。

阳极电解液组成:12 mL 浓硫酸+438 mL 去离子水。

阴极电解液组成:85%乙醇-水溶液 438 mL+12 mL 浓硫酸+9.4 g 对硝基苯甲酸(对硝基苯甲酸浓度为 0.125 $mol \cdot L^{-1}$)。

四、实验步骤

铅合金电极作阴极,钛网上涂 RuO_2 电极作阳极,阴极面积与阳极面积之比为 1/2。将 200 mL 阴极电解液加入电解槽阴极室中,再加入少量 Raney Ni 粉。将 200 mL 阳极电解液加入电解槽阳极室中。阴极电流密度设为 800 $mA \cdot dm^{-2}$。50 ℃下进行恒电流电解。电解电量按理论值的 3

倍计算。电解结束后，趁热过滤，滤液冷却后析出结晶，即为对氨基苯甲酸。水里结晶，得纯品，干燥，称重。

五、数据记录及处理

计算还原收率和电流效率。

六、思考题

(1) 影响产物收率和电流效率的主要因素有哪些？

(2) 电化学合成对电极有什么要求？

实验 36　锌-空气电池制作及放电性能测试

一、实验目的

(1) 掌握锌-空气电池原理；
(2) 掌握电催化原理；
(3) 掌握空气电极制备方法；
(4) 应用电池充放电测试仪检测所制作电池性能。

二、实验原理

锌-空气电池由锌电极、电解液、隔膜、空气电极四个部分组成，结构如图 3-13 所示。其中空气电极又包含以下三个部分：集流体、气体扩散层和催化层。锌-空气电池又可以分为一次性锌-空气电池和二次性锌-空气电池(可充电式)。一次性锌-空气电池具有价格便宜、储存寿命长、能量密度高和安全性高等特点，但是放电电流较小且只能使用一次。二次性锌-空气电池在使用过程中可以多次充放电，能够反复使用。

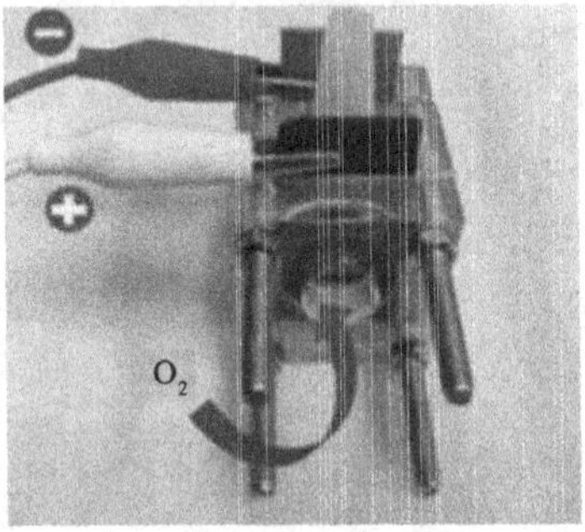

图 3-13　锌空电池结构示意图

二次性锌-空气电池是通过锌金属与来自大气中的氧气在碱性电解液

中发生电化学反应来提供电功。发生的电化学反应可以通过以下的氧化还原反应来表示，简单来说就是锌单质与氧气生成氧化锌的过程：

负极反应：$Zn+4OH^- \longrightarrow Zn(OH)_4^{2-}+2e \longrightarrow ZnO+2OH^-+H_2O+2e$

正极反应：$1/2O_2+H_2O+2e \longrightarrow 2OH^-$

电池反应：$Zn+1/2O_2 \longrightarrow ZnO$

在充电过程中，正负极发生的反应与放电过程完全相反。金属锌电极发生还原反应，即 $Zn(OH)_4^{2-}$ 离子被还原成金属锌而沉积在锌电极的表面，同时产生氢氧根离子（OH^-）；空气电极则发生氧化反应，即氢氧根离子（OH^-）被氧化生成氧气，即为氧析出反应（OER）。最终发生 ZnO 分解为 Zn 与 O_2的反应。

锌-空气电池的空气电极具有透气、防漏和导电等特性，同时保持活性，并且在高充放电电流密度下稳定。空气电极由以下几个部分组成：

(1) 气体扩散层，主要由具有低表面积的乙炔黑和聚四氟乙烯（PTFE）混合组成。它们具有较高疏水性，促进了气体的扩散，并避免水的穿透。

(2) 集流体，一般为泡沫镍网、碳纸、碳布等。

(3) 催化剂层，由催化剂、高比表面积的炭黑和用于疏水化的 PTFE 混合而成，在催化活性层中发生氧还原反应（ORR）或氧析出反应（OER）。

三、仪器、试剂和材料

1. 仪器

电子天平，真空干燥箱，新威电池测试系统/辰华电化学工作站（CHI760E），压片机，磁力搅拌器。

2. 试剂与材料

锌箔，氧电极催化剂（自行查资料，选择一种催化剂），60% PTFE 乳液，疏水碳纸，科琴黑（导电剂），氢氧化钾，去离子水，玻璃棒，美工刀（剪刀），螺丝刀，锌-空气电池槽。

四、实验步骤

1. 空气电极的制作

裁剪一定大小的碳纸（尺寸与锌-空气电池槽匹配）。按质量比 10∶80

∶10 称取催化剂、导电炭黑、PTFE 乳液(60%)于称量瓶中，再加入适量水，超声分散 10 min 后，均匀涂敷在碳纸一面。在 80 ℃下真空干燥 5 h。

2. 电解液配制

将氢氧化钾溶于去离子水中，配制成 2 mol·L^{-1} KOH 溶液。

3. 锌-空气电池组装

将锌箔裁剪成合适的大小，在锌-空气电池槽中固定锌箔和空气电极，在电池槽中注入 2 mol·L^{-1} KOH 溶液。

4. 锌-空气电池输出特性测试

方式一：在新威充放电仪上测试不同电流密度下锌-空气电池工作电压。具体设置如下：① 静置 1 min；② 1 mA 电流恒流放电 1 min；③ 4 mA 恒流放电 1 min；④ 8 mA 恒流放电 1 min；⑤ 12 mA 恒流放电 1 min；⑥ 16 mA恒流放电 1 min；以此类推，一直到 50 mA，设置保护电压为 0 V (电流大小可以改变)。

方式二：在电化学工作站上测试线性扫描伏安曲线(LSV)。具体设置如下：第一步，工作站与锌-空气电池连接，将工作站绿色夹连接空气电极，白色夹和红色夹共同连接锌电极；第二步，打开工作站，选择 LSV 测试技术，设置测试电压范围 1.6 V～0 V，扫描速率 5 mV/s；第三步，测试结束，保存测试数据(尽量选择 txt 格式)。

五、数据记录及处理

(1) 绘出工作电压-电流曲线图(V-I)。

(2) 绘出功率-电流曲线图(P-I)。

六、思考题

(1) 锌-空气电池的锌电极主要存在哪些自放电反应?

(2) 可以采用哪些措施来缓解锌-空气电池锌电极的自放电?

第四章　设计性电化学实验

在做完基础电化学实验与综合性电化学实验的基础上，为了进一步发挥学生的学习主动性与科研创新性，巩固学过的基础知识和操作技能，使学生在查阅文献、解决问题和分析问题以及实验操作等各方面得到锻炼与提高，本教材增加了一部分设计性实验。这类实验内容具有综合性、典型性、探索性等特征。设计性实验要求学生对老师给定的实验题目在自己预先查阅、整理文献的基础上，自行掌握有关实验原理，结合本实验室的实验条件确定实验方案、选择相关仪器设备，拟定具体的实验步骤，写出总结报告。在此基础上，同学之间在实验讨论课上交流各自设计的实验，并从以下几方面展开讨论：

(1) 解决某个实验项目的各种实验方法、原理，并比较它们的优缺点；

(2) 实验步骤；

(3) 误差来源及消除；

(4) 结果处理；

(5) 注意事项。

设计性实验的核心是设计、选择实验方案，并在实验中检验方案的正确性与合理性。设计时一般包括如下内容：根据研究的要求、实验精度的要求以及现有的主要仪器，确定实验原理，选择实验方法，选择实验步骤、配套仪器以及实验结果数据的合理处理等。

通过选定的设计性实验实践积累和总结，达到培养学生进行科学实验的能力和提高进行科学实验的素质的目的。

1. 设计性实验的教学目的

提高学生实验素质和科学研究能力，进行创造性能力的培养。

2. 设计性实验的特点

教师提出实验课题和研究项目，实验室提供条件。学生自行推证有关理论，自行确定实验方法，自行选择和组合配套仪器设备，自行拟订实验方案和注意事项等，获得合理的实验结果，撰写完整的实验报告。

3. 设计性实验的教学要求

在完成设计性实验的整个过程中，充分反映自己的实际水平与能力，力求有创新。

4. 科学实验设计的原则

实验方案的选择——最优化原则；

实验仪器的选择——误差均分原则；

实验条件的选择——最有利原则。

5. 设计性实验的程序

学生阅读实验室提供的电子和文字资料，熟悉实验仪器，选定实验内容，拟订实验方案。学生利用业余时间充分酝酿实验方案，在教师指导下，确定具体的实验方法。实验时根据各自设计的实验，从试剂的配制到最后写出实验报告，都由每一位学生独立完成。

实验 37　锂离子电池正极材料 $LiFePO_4$ 的制备及性能测试

一、实验目的

(1) 学会从查阅文献入手，自行设计实验方案和具体步骤；

(2) 了解锂离子电池的工作原理；

(3) 掌握锂离子电池正极材料 $LiFePO_4$ 的合成方法；

(4) 掌握扣式锂离子电池电极的制备工艺、电池的装配流程及电池电化学性能测试方法。

二、设计思路

(1) 在老师的指导下查阅相关文献，了解锂离子电池的工作原理以及目前常见的锂离子电池正极材料的性能。

(2) 设计一个包括 $LiFePO_4$ 正极材料的制备、正极片的制备、扣式电池组装、电池性能测试、具体的实验操作步骤、数据处理及结果评价等方面的可行性方案。

(3) 以论文形式完成实验报告。内容包括：题目、摘要、关键词、前言、方法与结果、讨论。讨论部分必须对实验结果和现象做出解释。

三、仪器、试剂与材料

1. 仪器

管式电阻炉，球磨机，玛瑙研钵，干燥器，电子天平，真空干燥箱，可调式涂膜器，手动冲片机，粉末压片机，惰性气体手套箱，液压纽扣电池封装机，电池测试系统，超声波清洗器。

2. 试剂与材料

高压氩气(瓶)，Li_2CO_3(分析纯)，$FePO_4 \cdot 2H_2O$ (电池级)，葡萄糖(分析纯)，1 $mol \cdot L^{-1}$ $LiPF_6$＋EC/DMC(体积比 1∶1)电解液(碳酸乙烯酯

EC)；1,2-二甲氧基乙烷（DMC），聚偏氟乙烯（PVDF），乙炔黑，*N*-甲基-2-吡咯烷酮（NMP），Celgard 2325 隔膜，金属锂片，电池壳（2025），铝箔，乙醇，棉花，密封塑料袋，滤纸，方舟，镊子，泡沫镍。

四、知识点

本实验涉及 $LiFePO_4$ 的合成工艺、扣式锂离子电池电极的制备工艺及电池的装配流程。

五、考察点

$LiFePO_4$ 的合成、正极片的制备、电池的装配、数据的处理方法。

实验 38　α-$Ni(OH)_2$正极材料的制备及电化学性能测试

一、实验目的

(1) 学会从查阅文献入手,自行设计实验方案和具体步骤;

(2) 了解 α-$Ni(OH)_2$正极材料的工作原理及电化学性能;

(3) 掌握 α-$Ni(OH)_2$正极材料的合成方法;

(4) 掌握镍氢电池电化学性能的测试方法。

二、设计思路

(1) 在老师的指导下查阅相关文献,了解镍氢电池的工作原理以及$Ni(OH)_2$的性能。

(2) 设计一个包括 α-$Ni(OH)_2$正极材料的制备、正极片的制备、电池组装、电池性能测试、具体的实验操作步骤、数据处理及结果评价等方面的可行性方案。

(3) 从恒流充放电、循环伏安曲线和交流阻抗曲线对比 α-$Ni(OH)_2$和β-$Ni(OH)_2$的电化学性能。

(4) 以论文形式完成实验报告。内容包括:题目、摘要、关键词、前言、方法与结果、讨论。讨论部分必须对实验结果和现象做出解释。

三、仪器、试剂与材料

1. 仪器

压片机,玛瑙研钵,干燥器,电子天平,真空干燥箱,恒温水浴锅,超声波清洗器,粉末压片机,离心机,电池测试系统,CHI 电化学工作站,刮刀,25×25 称量瓶,烘箱,塑料薄膜封口机,剪刀,电解池。

2. 试剂与材料

$Ni(NO_3)_2 \cdot 6H_2O$ (分析纯),$Al(NO_3)_3 \cdot 9H_2O$ (分析纯),尿素(分析

纯），泡沫镍，60%聚四氟乙稀(PTFE)乳液，乙炔黑，Hg/HgO电极，无纺布隔膜，贮氢合金（理论质量比容量 230 mAh·g^{-1}），KOH（分析纯），LiOH（分析纯），蒸馏水，塑料板（电池壳材料）。

四、知识点

本实验涉及 α-$Ni(OH)_2$ 的合成工艺、电极的制备工艺、电池的装配流程及其与 β-$Ni(OH)_2$ 的电化学性能比较。

五、考察点

α-$Ni(OH)_2$ 的合成、正极片的制备、电池的装配、电化学性能测试、数据的处理方法。

实验 39　葡萄糖电化学氧化制备葡萄糖酸锌

一、实验目的

(1) 学会从查阅文献入手，自行设计实验方案和具体步骤；

(2) 了解制备葡萄糖酸锌的常用方法，掌握以葡萄糖为原料电解法制备葡萄糖酸锌的原理和条件；

(3) 掌握对中间产物葡萄糖酸纯化和分析测试的方法；

(4) 提高综合运用多种实验操作手段和测试手段的能力。

二、设计思路

(1) 在老师的指导下查阅相关文献，了解葡萄糖酸锌的应用、制备方法以及电解法制备葡萄糖酸锌的原理。

(2) 设计一个包括葡萄糖酸含量的检测、葡萄糖酸锌的制备、电解槽的选择、葡萄糖酸锌结构的表征、具体的实验操作步骤、数据处理及结果评价等方面的可行性方案。

(3) 以论文形式完成实验报告。内容包括：题目、摘要、关键词、前言、方法与结果、讨论。讨论部分必须对实验结果和现象做出解释。

三、仪器、试剂与材料

1. 仪器

电解槽，稳压电源，钛电极，碳棒电极，恒温水浴，磁力搅拌器，分光光度计，熔点仪，色谱柱，常用玻璃仪器。

2. 试剂

葡萄糖（分析纯），硫酸钠（化学纯），溴化钠（化学纯）或溴化钾（化学纯），95%乙醇，葡萄糖酸（分析纯），三氯化铁（分析纯），盐酸（分析纯），羟氨（分析纯），氢氧化钾（分析纯），氯化钡（分析纯），离子交换树脂，蒸馏水。

四、知识点

本实验涉及葡萄糖酸锌的合成工艺、葡萄糖酸锌结构的表征。

五、考察点

葡萄糖酸锌的电解法合成、电解条件的探索、数据的处理方法。

实验 40　不同晶型纳米 MnO_2 在 KOH 水溶液中的电化学性能测试

一、实验目的

（1）学会从查阅文献入手，自行设计实验方案和具体步骤；

（2）掌握水热法合成纳米 MnO_2 的原理；

（3）了解纳米 MnO_2 在碱性电解液中的电化学性能。

二、设计思路

（1）在老师的指导下查阅相关文献，了解纳米 MnO_2 的制备方法以及水热法合成纳米 MnO_2 的原理。

（2）设计一个包括纳米 MnO_2 的制备、晶型结构的表征、在碱性电解液中的电化学性能的表征、具体的实验操作步骤（包括如下实验条件的确定：反应物的比例、反应釜的装满度、反应温度、反应时间等；但出于安全原因的考虑，建议装满度应低于 80%，反应温度低于 180 ℃）、数据处理及结果评价等方面的可行性方案。

（3）对比本实验合成的纳米 MnO_2 和商品电解 MnO_2 的电化学性能。

（4）以论文形式完成实验报告。内容包括：题目、摘要、关键词、前言、方法与结果、讨论。讨论部分必须对实验结果和现象做出解释。

三、仪器、试剂与材料

1. 仪器

高压反应釜（聚四氟乙烯内衬），数显鼓风烘箱（20～200 ℃），X 射线粉末衍射仪，激光粒度分析仪，电化学工作站，电池测试系统，循环水式真空泵，布式漏斗，抽滤瓶。

2. 试剂与材料

Hg/HgO 电极（参比电极，1 $mol \cdot L^{-1}$ KOH 溶液或 9 $mol \cdot L^{-1}$ KOH

溶液)，粉末微电极，10 cm^2 铂网(辅助电极)，$MnSO_4 \cdot 2H_2O$(分析纯)，$(NH_4)_2S_2O_8$(分析纯)，$(NH_4)_2SO_4$(分析纯)，KOH(分析纯)，去离子水，滤纸。

四、知识点

本实验涉及纳米 MnO_2 的制备工艺、纳米 MnO_2 晶型结构的表征、纳米 MnO_2 在碱性电解液中的电化学性能的表征。

五、考察点

纳米 MnO_2 的水热法合成条件的探索、纳米 MnO_2 在碱性电解液中的电化学性能的表征、数据的处理方法。

实验 41 电催化间接氧化法制备活性二氧化锰

一、实验目的

(1) 学会从查阅文献入手，自行设计实验方案和具体步骤；

(2) 了解电催化间接氧化法制备二氧化锰的原理；

(3) 掌握 Ag(Ⅰ)的阳极氧化行为及其对 Mn 阳极氧化的催化作用；

(4) 了解所制备的二氧化锰的物理化学性能。

二、设计思路

(1) 在老师的指导下查阅相关文献，了解 MnO_2 的制备方法、电催化间接氧化法制备 MnO_2 的研究进展以及电催化间接氧化法制备 MnO_2 的原理。

(2) 设计一个包括 MnO_2 的电催化间接氧化法制备、MnO_2 晶型结构的表征、具体的实验操作步骤(包括如下实验条件的确定：氧化还原电对的选择、电极电位、电流密度、反应温度及溶液组成等)、数据处理及结果评价等方面的可行性方案。

(3) 对比本实验和直接电解制备 MnO_2 的电流效率。

(4) 以论文形式完成实验报告。内容包括：题目、摘要、关键词、前言、方法与结果、讨论。讨论部分必须对实验结果和现象做出解释。

三、仪器、试剂与材料

1. 仪器

直流电源(晶体管稳流器)，烘箱，电化学工作站，X 射线衍射仪，恒温水浴，离心机或循环式水浴真空泵，台秤，500 mL 电解槽。

2. 试剂与材料

铂网(阳极)，钛板(阴极)，粉末微电极，$MnSO_4 \cdot 2H_2O$ (分析纯)，硫酸(分析纯),KOH(分析纯),蒸馏水,隔膜,饱和甘汞电极,滤纸。

四、知识点

本实验涉及纳米 MnO_2 的制备工艺、纳米 MnO_2 晶型结构的表征、纳米 MnO_2 在碱性电解液中的电化学性能的表征。

五、考察点

纳米 MnO_2 的水热法合成条件的探索、纳米 MnO_2 在碱性电解液中的电化学性能的表征、数据的处理方法。

实验 42 沉积层的结构与耐蚀性测试

一、实验目的

(1) 学会从查阅文献入手,自行设计实验方案和具体步骤;

(2) 了解 XRD 和 SEM 测试样品结构的原理、操作和测试结构分析方法;

(3) 了解阳极极化曲线分析镍镀层耐腐蚀性能的原理和实验方法。

二、设计思路

(1) 在老师的指导下查阅相关文献,了解 X-射线衍射(XRD)和扫描电镜(SEM)的原理、不同条件下得到的镀层结构和表面形貌分析方法以及沉积层的性能指标。

(2) 设计一个包括在铜电极上沉积镍、根据 XRD 峰和 SEM 表面形貌的变化来判断镍沉积结构随电沉积条件的变化、测试不同的镍镀层在 3.5 wt% NaCl 溶液中的阳极极化曲线、根据阳极极化曲线来分析镍镀层的耐腐蚀性能、具体的实验操作步骤(包括电沉积条件、阳极极化曲线测试条件等)、数据处理及结果评价等方面的可行性方案。

(3) 分析比较电沉积条件对镀层结构的影响。

(4) 以论文形式完成实验报告。内容包括:题目、摘要、关键词、前言、方法与结果、讨论。讨论部分必须对实验结果和现象做出解释。

三、仪器、试剂与材料

1. 仪器

X 射线衍射仪,扫描电镜,Hull 槽,直流稳压电源,电流表,电吹风。

2. 试剂与材料

硫酸镍(分析纯),电镀液,氯化钠(分析纯),硼酸(分析纯),除油液,酸洗液，导线，镍板（阳极），铜片（阴极），铂片（辅助电极），饱和甘汞电极（参比电极）。

四、知识点

本实验涉及在铜电极上电沉积镍的制备工艺、镍镀层阳极极化曲线测试。

五、考察点

分析比较电沉积条件对镀层结构的影响、镍镀层阳极极化曲线的分析。

实验 43　聚苯胺修饰电极制备与电化学特性测定及应用

一、实验目的

(1) 学会从查阅文献入手，自行设计实验方案和具体步骤；
(2) 掌握修饰电极的制备技术和电化学特性的测定方法；
(3) 将制备的电极用于实际样品分析。

二、设计思路

(1) 在老师的指导下查阅相关文献，了解有关电化学聚合、修饰电极制备技术及电化学特性参数方面的知识。

(2) 设计一个包括电化学合成苯胺聚合物、制备修饰电极、用所制备的修饰电极测定水和体液等样品 pH 值的实验操作步骤、数据处理及结果评价等方面的可行性方案。化学电池设计合理与严格控制苯胺的电化学聚合条件是本实验的关键。

(3) 以论文形式完成实验报告。内容包括：题目、摘要、关键词、前言、方法与结果、讨论。讨论部分必须对实验结果和现象做出解释。

三、仪器、试剂与材料

1. 仪器

电化学工作站，铂电极 2 支，甘汞电极 1 支，电解池，pH/离子计 1 台。

2. 试剂与材料

苯胺(分析纯)，缓冲溶液(pH＝2～10)。

四、知识点

本实验涉及聚苯胺的合成工艺以及修饰电极的制备技术、电化学特性的测定方法、分析应用。

五、考察点

聚苯胺的电化学合成、聚合条件的探索、修饰电极的分析应用、数据的处理方法。

参考文献

[1] 陈体衔.电化学实验[M].厦门:厦门大学出版社,1993.
[2] 王圣平.实验电化学[M]. 武汉:中国地质大学出版社,2010.
[3] 赵艳娜. 化学实验技术[M]. 郑州:郑州大学出版社,2006.
[4] 复旦大学.物理化学实验[M].第3版.北京:高等教育出版社,2004.
[5] 唐仕荣.仪器分析实验[M].北京:化学工业出版社,2016.
[6] 刘长久,李延伟,尚伟.电化学实验[M]. 北京:化学工业出版社,2011.
[7] 刘勇键,白同春.物理化学实验[M].南京:南京大学出版社,2009.
[8] 蒋月秀,龚福忠,李俊杰.物理化学实验[M].上海:华东理工大学出版社,2005.
[9] 潘湛昌.物理化学实验[M].北京:化学工业出版社,2011.
[10] 何广平,南俊民,孙艳辉.物理化学实验[M].北京:化学工业出版社,2008.
[11] 郑传明,吕桂琴.物理化学实验[M].第2版. 北京:北京理工大学出版社,2015.
[12] 努丽燕娜,王保峰. 实验电化学[M].北京:化学工业出版社,2007.
[13] 武汉大学化学与分子科学学院实验中心. 物理化学实验[M].第2版.武汉:武汉大学出版社,2012.
[14] 李伟善,江琳才. Ag(Ⅰ)电解催化 Mn(Ⅱ)制备 MnO_2 的研究(Ⅰ)——产品 MnO_2 的合成[J].电池,1988(6):23-27.
[15] 马淳安,朱秀山,赵峰鸣.丁二酸在 Ti/TiO_2 膜电极上的电化学合成[J].高等学校化学学报,2010(31):2046-2051.

[16] 刘峥,丁国华,杨世军. 有机化学实验绿色化教程[M]. 北京:冶金工业出版社,2010.
[17] 刘欣,王金霞,顾登平,等. 电化学法制备对氨基苯甲酸[J]. 精细化工,2006,23(9):921-922.
[18] 刘勇健,孙康. 物理化学实验[M]. 徐州:中国矿业大学出版社,2005.